教育部高等学校高职高专测绘类专业教学指导委员会“十二五”规划教材

工程测量技术实训

（第3版）

主　编　潘松庆
副主编　廖明惠

学年学期______________________
专　　业______________________
年　　级______________________
班　　级______________________
学　　号______________________
姓　　名______________________
成　　绩______________________

黄河水利出版社
·郑州·

内容提要

本书是与《工程测量技术》相配套的测量实训教材，内容包括工程测量技术课程的实验课指导、习题课指导和测量实训指导，还附有国产数字水准仪、全站仪使用简要说明，以及测量实训所用的各种记录和计算表格、测量实训操作考查题选等。本书与《工程测量技术》教材相结合，可着重用于对学生工程测量的外业操作技能和内业计算能力进行全面训练。

本书主要适用于高等职业技术院校、高等专科学校、成人教育学院、职工大学等院校的建筑工程技术、交通工程技术、地下工程技术及其相关专业工程测量技术课的实践教学和学生自学使用，亦可供生产单位测量、施工等专业技术人员参考。

图书在版编目(CIP)数据

工程测量技术实训/潘松庆主编．—3版.—郑州：黄河水利出版社，2016.10 （2022.1 重印）

教育部高等学校高职高专测绘类专业教学指导委员会“十二五”规划教材

ISBN 978-7-5509-1096-6

Ⅰ.①工… Ⅱ.①潘… Ⅲ.①工程测量-高等职业教育-教材 Ⅳ.①TB22

中国版本图书馆CIP数据核字(2016)第254437号

出 版 社：黄河水利出版社　　网址：www.yrcp.com

地址：河南省郑州市顺河路黄委会综合楼14层　　邮政编码：450003

发行单位：黄河水利出版社

发行部电话：0371-66026940、66020550、66028024、66022620(传真)

E-mail：hhslcbs@126.com

承印单位：河南承创印务有限公司

开本：787 mm×1 092 mm　1/16

印张：10

字数：231千字

版次：2008年6月第1版　　印次：2022年1月第2次印刷

2016年10月第3版

定价：29.00元

第 3 版前言

《工程测量技术实训》为高职高专规划教材《工程测量技术》的配套教材，由原教材《工程测量技术实训》第 2 版修订而成，主要由三部分组成。第一部分为测量实验课指导，内容涵盖水准仪、经纬仪、全站仪的认识、使用和检校，水准测量、角度测量、全站仪测量等基本测量工作，角度、距离、高程和坐标测设等施工测量的基本方法及使用 CASS 软件绘制数字地形图、在工程施工中应用 CASS 软件和数字地形图测绘等 17 项实验；第二部分为测量习题课指导，内容包括水准测量、导线测量、地形图应用、施工场地平整设计和土方量计算、带有缓和曲线的圆曲线放样之细部点坐标计算等 5 项习题课；第三部分为测量实训指导，包括测量实训的性质、任务和基本要求、实训主要内容、时间场地和人员组织、作业时间分配、领用仪器、具体作业内容和技术要求、注意事项、实训成果、测量新仪器和新技术介绍、操作考核、成绩评定等，此次修订主要增加了新型触屏式全站仪和 RTK 测量及其接收机的使用方法等内容。

本书的实验课和习题课指导，不仅有每次实验课或习题课的技能目标、内容、安排、步骤及注意事项，还包括需要学生完成的实验报告和思考题，项目完整，内容详细。此外本书还附有国产数字水准仪和全站仪使用简要说明，以及测量实训作业的各种记录、计算表格、操作考查题选，供实训及测量员考证教学使用，其目的在于加强工程测量课理论和实践教学的可结合性和实验、习题、实训及其考查的可操作性，从而配合《工程测量技术》的理论和实践教学，加强对学生的测量外业操作和内业计算能力以及测量员考证的全面训练。

本书由河海大学文天学院潘松庆教授担任主编并负责全书的统稿和定稿，由廖明惠担任副主编，江苏城市职业学院徐寒、李峥、宋跃进与河海大学文天学院黄晓时、杨彪、闻亚等老师参编。

本书由全国高等学校测绘学科教学指导委员会主任、武汉大学宁津生院士担任主审，昆明冶金高等专科学校赵文亮教授、河海大学章书寿教授和江苏城市职业学院杨斌副教授对本书的编写给予了具体指导，编者谨此向宁津生院士、赵文亮教授、章书寿教授和杨斌副教授及其他为本书的编写和出版提供宝贵意见和热心帮助的专家表示诚挚谢忱！对于本书中引用参考文献的资料、插图的原作者表示衷心感谢。

本书适用的读者与《工程测量技术》一书相同。

由于编者水平所限，书中疏漏、错误和不足之处恳请广大师生和读者批评指正。

编　者

2016 年 10 月

第 1 版前言

《现代测量技术实训》为高等学校测绘学科教学指导委员会“十五”高职高专规划教材《现代测量技术》的配套教材，主要由三部分组成。第一部分为测量实验课指导，内容涵盖水准仪、经纬仪、全站仪的认识使用和检校，水准测量、角度测量、全站仪测量等基本测量工作，及角度、距离、高程和坐标测设等施工测量的基本方法等 11 项实验；第二部分为测量习题课指导，内容包括水准测量、导线测量、地形图的应用和带有缓和曲线的圆曲线放样的细部点坐标计算等 4 项习题课；第三部分为测量实训指导，包括测量实训的性质、任务和基本要求、实训的主要内容、时间场地及人员组织、作业时间分配、领用仪器、具体作业内容和技术要求、注意事项、实训成果、测量新仪器和新技术介绍、操作考核及成绩评定等。

本书的实验课和习题课指导，不仅有每次实验课或习题课的目的、内容、安排、步骤及注意事项，还包括需要学生完成的实验报告和思考题，实训指导除项目完整、内容详细外，还附有测量实训作业的各种记录、计算表格和操作考查题选，供实训教学选择使用，其目的在于加强测量课理论和实践教学的可结合性和实验课、习题课、集中实训及其考查的可操作性，从而配合《现代测量技术》的理论教学，加强对学生的测量外业操作技能和内业计算能力的全面训练。

本书由高等学校测绘学科教学指导委员会主任、武汉大学宁津生院士担任主审，河海大学土木工程学院潘松庆教授（现在广州城建职业学院任教）担任主编。

昆明冶金高等专科学校赵文亮教授及河海大学章书寿教授和白忠良教授对本书的编写给予了具体指导，编者谨此向宁津生院士、赵文亮教授、章书寿教授和白忠良教授及其他为本书的编写和出版提供宝贵支持和热心帮助的专家表示衷心感谢！

由于编者水平所限，书中疏漏、错误和不足之处恳请广大师生和读者批评指正。

编　者

2008 年 2 月

目　录

第一部分　测量实验课指导

测量实验须知

工程测量(简称测量)是一门理论和实践并重的技术基础课程,其中一个重要的教学环节就是实验课。通过实验课的实践教学和操作训练,可以更好地理解和掌握有关测量的理论知识和作业技能。因此,对测量实验课应予以足够的重视。

一、课前须知

(1)实验课前应认真复习教材中有关内容,做到对仪器的使用和实验的方法心中有数。

(2)仔细阅读实验指导书,明确实验的技能目标、内容、方法、步骤和要求。

(3)准备好计算器、铅笔、小刀等工具。

二、上课须知

(1)遵守课堂纪律,不得迟到、早退,禁止打闹、玩耍。

(2)按指导书规定步骤操作,发现问题应及时报告指导教师予以解决。

(3)如遇仪器故障,应立即向指导教师汇报,不得随意自行处理。

三、使用仪器须知

(1)认真办理仪器借用手续,借用时仔细登记,用完后逐件验收。

(2)领取仪器时,应认真检查仪器及脚架各部分是否完好、能否正常使用。

(3)自箱内取出仪器前,应先看清仪器在箱内安放的位置和方向,以便仪器用毕后按原位置顺利装箱。

(4)取仪器时,应先放松制动螺旋,以免强行扭转仪器部件而使轴系受到损坏。

(5)用双手将仪器从箱内托出,轻拿轻放,不要单手抓仪器,不要用手触摸或用手绢擦拭仪器的目镜、物镜等光学部分。

(6)安置仪器时,首先应旋紧中心连接螺旋,使仪器和脚架固紧,否则很有可能使仪器自脚架滑落,受到严重损坏。

(7)架设仪器时,三条架腿的分开和高度应适中,既使仪器重心稳定,又便于观测。在松软土地安置仪器时应将架腿脚尖踩实,在水泥等坚实路面上安置仪器时应用细绳等将三条架腿固连,以免架腿滑倒摔坏仪器。

(8)沿道路设站时,测站和安放标尺的转点均应靠近路边,以免往返车辆或行人碰撞仪器。

(9)取出仪器后，应将仪器箱盖好，以免灰沙侵入。仪器箱不能承重，不可坐人。

(10)在使用过程中，应撑伞保护仪器，既免日晒，亦防雨淋。仪器旁应始终有人守护。

(11)观测时，转动仪器前要松开制动螺旋，使用微动螺旋前要旋紧制动螺旋。目镜、物镜的调焦螺旋、基座的脚螺旋及各种微动螺旋都只能用其中间部分，即不可旋至其两端，以免损坏螺旋。

(12)观测时，转动仪器应平稳，用力应均匀，按规定方向旋转，避免盲目转动。

(13)数字水准仪、全站仪作业地点应避开高压线、变压器等强电磁场的干扰，反射棱镜后面不应有反光镜或强光源。操作时，应在熟悉作业程序和操作步骤的基础上，轻转照准部和望远镜，并按仪器说明书依序轻按有关操作键。不要随意改动仪器的常数设置，也不要用望远镜照准太阳或瞄准他人。

(14)仪器用毕应将各制动螺旋松开，装箱后应轻轻试盖，在确认安放正确后再旋紧各制动螺旋，以免仪器在箱内自由转动，受到损坏。

(15)清点箱内附件完好后，将箱盖扣件扣紧，最后将仪器箱锁好，以免再次使用提起仪器时，发生箱盖自动打开摔出仪器的严重事故。

(16)实验结束，应对借用的所有仪器、工具进行清点，不得损坏和遗失，如有损坏或遗失，应予以赔偿。

四、记录须知

(1)所有观测数据必须保证其真实性，即时记入手簿。手簿应事先编好页码或装订成册。不得记在草稿纸上然后转抄，严禁伪造数据。

(2)记录数字应清晰工整，不得涂改、字改字或连环更改，也不能用橡皮擦，如发现有误，可用细线划去，然后在其上方予以更正。

(3)实验过程中应按规定及时对观测数据进行计算，并将计算结果与有关限差进行比较，只有在满足一个步骤的检核后，才能进行下一步观测。

(4)观测数据的取位：水准测量至 mm；角度测量至秒，分和秒都应记满两位，如 1°0′6″应记为 1°00′06″；距离测量至 mm；视距读数至 mm。

五、计算须知与函数型计算器进行角度运算和坐标转换须知

参见《工程测量技术》附录一。

实验一　DS_3 型水准仪认识和使用

一、技能目标

能使用 DS_3 型水准仪。

二、内容

(1)了解 DS_3 型水准仪各部件及有关螺旋的名称和作用。

(2)掌握水准仪的安置和使用方法。

(3)练习用水准仪测定地面两点间高差的方法。

三、安排

(1)时数:课内 2 学时,每小组 2 ~4 人。

(2)仪器:每组领 DS_3 型水准仪 1 台、测伞 1 把、记录板 1 块。

(3)场地:在一较平整场地不同高度的 3 ~5 个地面点上分别竖立水准尺,仪器至水准尺的距离不宜超过 50 m。

四、步骤

(一)安置水准仪

松开架腿,调节其长度后将架腿螺旋拧紧;将三角架张开,使其高度大致与胸口齐,架头大致水平,并将架腿的尖部踩入土中(或插在坚硬路面的凹陷处);从仪器箱中取出水准仪,用中心连接螺旋将其固连到脚架上。

(二)认识水准仪

了解仪器各部件及有关螺旋的名称、作用和使用方法,熟悉水准尺的刻划和注记。

(三)粗平

按"左手法则",用双手同时对向转动一对脚螺旋,使圆水准气泡移至中间,再转动另一脚螺旋使气泡居中。

(四)瞄准

先目镜调焦,以天空或粉墙为背景,转动目镜对光螺旋,使十字丝清晰;后照准目标,转动望远镜,通过其上的准星和缺口照准标尺,固定水平制动螺旋,旋转微动螺旋,使标尺成像在望远镜视场中央;再物镜调焦,旋转物镜对光螺旋,使标尺的影像清晰,同时检查是否存在视差现象,如存在,反复调焦,加以消除。

(五)精平

旋转微倾螺旋,使水准管气泡符合,即使其左右影像下端吻合成半圆状(微倾螺旋的旋转方向应与符合气泡的左侧影像移动方向相一致)。

(六)读数

读取十字丝中丝在水准尺上所指处应有的数字,计四位,以 m 为单位,估读至 mm。

(七)测定高差

先按上述步骤照准 A 点标尺,精平后读数,记为后视读数 a;再照准 B 点标尺,精平后读数,记为前视读数 b。由此计算 A 点至 B 点的高差为

$$h_{AB} = a - b$$

变动仪器高后重复上述步骤,再次计算得 A 点至 B 点的高差,并将有关读数和算得的高差记入表 S1,最后通过较差 Δh 检查练习的效果。

参见《工程测量技术》模块一项目一任务一。

五、注意事项

(1)标尺读数前都应检查是否存在视差,如有视差一定要反复通过物镜调焦,予以消除。

(2)标尺中丝读数前都应旋转微倾螺旋使符合气泡符合,不符合不能读数。

实验一报告

实验名称:DS_3 型水准仪的认识和使用

日期____天气____专业____年级____班级____小组____观测________记录________

一、实验记录

表 S1 水准仪测定高差练习

测站	点号			后视读数(m)	前视读数(m)	高差 h(m)	Δh(mm)	说明
	第 1 次	后						
		前						
	第 2 次	后						
		前						

二、实验成果

(1)二次观测高差较差的容许值为________ mm,此次实验较差为________ mm,说明实验成果________要求。

(2)二次观测 A 点至 B 点高差的平均值为________ m,说明 B 点比 A 点________。如果假设 A 点的高程 $H_A = 10.000$ m,则 B 点的高程 $H_B =$ ________ m。

三、实验答题

(1)粗平仪器,使圆水准器气泡居中,应旋转________;转动望远镜,照准目标,使标尺影像位于望远镜视场中央,应旋转________和________;使十字丝清晰,应旋转________;使标尺影像清晰,应旋转________;精平仪器,使符合气泡居中,应旋转________。

(2)粗平仪器时,旋转脚螺旋应遵循________法则;照准目标时,应通过反复________,消除________;中丝读数前,一定要使符合气泡左右两半的影像________,其目的是________________________。

(3)在测定两点间高差时,当望远镜由后视转向前视时,如发现圆水准器气泡偏离中心,不能再________,这是因为________________;但如发现符合水准气泡偏离中心,则一定要________,这是因为________________________。

实验二　普通水准测量

一、技能目标

能进行普通水准测量的外业观测和内业计算。

二、内容

每小组完成一条闭合路线水准测量的观测，每人独自完成其内业计算。

三、安排

(1)时数：课内2学时（外业1.5学时，内业0.5学时，如内业时间不够，延至课外计算），每小组4~5人。

(2)仪器：每组领DS_3型水准仪1台、水准尺1对、尺垫2只、测伞1把、记录板1块。

(3)场地：在一较平整场地设置一条闭合水准路线，设起始点*A*为已知点，中间设二待定点*B*和*C*(*A*、*B*、*C*均应有地面标志或打有木桩)，闭合路线全长约300 m（见图S1）。

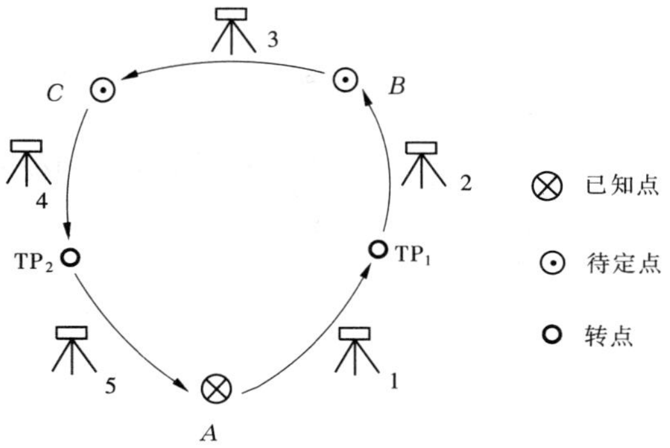

图S1　闭合水准路线示意图

四、步骤

(一)外业部分

1. 观测方法

从已知*A*点出发，以普通水准测量经*B*、*C*点，再测回*A*点。全线分为3个测段，第1、3测段各有1个转点，第2测段无转点，计5个测站（见图S1）。每测站均用变动仪高法测定两次高差进行检核，将有关读数和算得的高差记入表S2。

2. 注意事项

(1)除已知点*A*和待定点*B*、*C*外，现场临时设置的立尺点称为转点（用TP_i表示），作传递高程用。*A*、*B*、*C*点上立尺不用尺垫，转点上立尺需用尺垫。

(2)应尽量靠路边设置转点和安置测站。测站安置仪器时，应使前、后视距离大致相等。

(3)每测站变动仪器高前、后所得两次高差的较差应不超过 ±4 mm。记录员应当场计算高差及其较差,符合要求方能迁站。

(4)迁站时,前视尺(连同尺垫)不动,即变为下一测站的后视尺,而将本站的后视尺调为下一站的前视尺。

(5)观测完毕后,应对整个记录进行计算检核,即所有测站两次观测的后视读数之和 $\sum a$ 减去前视读数之和 $\sum b$ 应等于所有测站高差平均值之和的 2 倍,即 $2\sum h_{均}$。

(6)照准标尺读数前务必注意消除视差和使水准管气泡符合。

(二)内业部分

1. 计算待定点的高程

假设 A 点已知高程 $H_A = 50.000$ m,将其高程、每测段内的测站数及由各测站观测高差取和得到的测段高差观测值填入表 S3,进行高差闭合差的调整和计算待定点 B、C 的高程。其计算步骤为:

(1)高差闭合差计算与检核,高差闭合差的容许值为 $\pm 12\sqrt{n}$ mm(n 为测站数)。

(2)高差闭合差调整,即将闭合差反号,按与各测段所含测站数成正比的原则进行分配,得到各测段的高差改正数。

(3)计算待定点高程。参见《工程测量技术》模块一项目一任务二。

2. 注意事项

(1)如果由于凑整误差,高差改正数与高差闭合差的绝对值不完全相符,可将其差值凑到距离长的测段高差改正数中。

(2)高程计算栏最后一行起始点高程的计算值应和其已知值完全吻合,否则应检查计算是否有误。

实验二报告

实验名称:普通水准测量

日期____天气____专业____年级____班级____小组______观测______记录______

一、实验记录

表 S2　水准测量记录

测站	点号		后视读数 a (m)	前视读数 b (m)	高差 h (m)	平均高差 $h_{均}$ (m)	说明
	仪高(1)						
	仪高(2)						

续表 S2

测站	点号		后视读数 a（m）	前视读数 b（m）	高差 h（m）	平均高差 $h_{均}$（m）	说明
	仪高（1）						
	仪高（2）						
	仪高（1）						
	仪高（2）						
	仪高（1）						
	仪高（2）						
	仪高（1）						
	仪高（2）						
	仪高（1）						
	仪高（2）						
	仪高（1）						
	仪高（2）						
	仪高（1）						
	仪高（2）						
检核	$\sum a-\sum b=$			$2\sum h_{均}=$			

二、内业计算

表 S3　高差闭合差调整及待定点高程计算

计算＿＿＿＿＿＿检查＿＿＿＿＿＿

点号	测站数	实测高差（m）	改正数（mm）	改正后高差（m）	高程（m）
A					
B					
C					
A					
Σ					
辅助计算	$f_h=$ $f_{h容}=\pm12\sqrt{n}=$　　　（mm）或 $f_{h容}=\pm40\sqrt{L}=$　　　（mm）				

三、实验成果

（1）测站两次观测高差较差的容许值为＿＿＿＿mm，此次实验最大测站较差为＿＿＿＿mm；路线高差闭合差容许值为＿＿＿＿mm，此次实验路线高差闭合差为＿＿＿＿mm，说明实验成果＿＿＿＿要求。

（2）A 点的假定高程为 $H_A=$＿＿＿＿m，经高差闭合差调整，算得 B 点的高程 $H_B=$＿＿＿＿m、C 点的高程 $H_C=$＿＿＿＿m。

四、实验答题

（1）水准测量观测时应将仪器脚架和转点上的尺垫踩实，以防止仪器或尺垫下沉，其目的是＿＿＿＿＿＿＿＿＿＿＿＿＿＿＿＿；迁站时，前视尺（连同尺垫）不动，而将本站的后视尺调为下一站的前视尺，其目的是＿＿＿＿＿＿＿＿＿＿＿＿＿。

（2）测站安置仪器时，应使前、后视距离大致相等，其目的是＿＿＿＿＿＿＿＿＿＿。

（3）观测中如果标尺偏斜，必然使读数变＿＿＿＿，从而给测站高差带来影响，因此立尺一定要竖直。

（4）在路线水准测量中，如果每测站的检核均通过，但最后的路线高差闭合差不符合要求，其原因可能是＿＿。

（5）在高差闭合差小于容许值的前提下，进行高差闭合差的调整，是为了＿＿＿＿＿＿＿＿＿＿＿＿＿＿＿＿＿＿＿＿＿＿＿＿＿＿＿＿＿＿＿＿＿＿，如果高差闭合差大于容许值，则____

____。

（6）实验场地平坦，因而高差闭合差按照与测段所含测站数成正比的原则进行调整，如果是在丘陵山区，则高差闭合差调整的原则是________________________。

实验三 四等水准测量

一、技能目标

能进行四等水准测量的外业观测和内业计算，并熟悉等级水准测量和普通水准测量的异同点。

二、内容

每小组完成一条闭合路线的四等水准测量，每人独自完成其内业计算。

三、安排

（1）时数：课内 2 学时（内业计算课外完成），每小组 4 ~ 5 人。

（2）仪器：每组领 DS_3 水准仪 1 台、双面水准尺 1 对、尺垫 2 只、测伞 1 把、记录板 1 块。

（3）场地：与普通水准测量闭合水准路线相同（参见图 S1）。

四、步骤

（1）从已知 A 点出发，以四等水准测量经 B、C 点，再测回 A 点。全线计含 6 个测站，即每个测段各含 2 个测站。将有关读数和算得的测站高差记入表 S5。

（2）整条路线观测完成后，应计算高差闭合差，其容许值为 $\pm 20\sqrt{L}$ mm（L 为全长千米数）。

（3）若高差闭合差符合要求，则将各测段内的测站高差中数取和成为测段高差观测值。将三个测段的高差观测值和测站数分别填入表 S6，进行高差闭合差调整和计算待定点 B、C 的高程。

参见《工程测量技术》模块二项目一任务三。

五、注意事项

（1）A 点和 B、C 点立尺不用尺垫，转点上立尺需用尺垫。

（2）每测站的观测程序为：

①照准后视尺黑面，读取下丝读数、上丝读数、中丝读数；

②照准后视尺红面，读取中丝读数；

③照准前视尺黑面,读取下丝读数、上丝读数、中丝读数;

④照准前视尺红面,读取中丝读数。

以上观测的顺序简称“后—后—前—前”,在松软的道路或场地上观测亦可按“后—前—前—后”的顺序进行,凡中丝读数前均应使水准管气泡符合。

(3)每测站根据上述读数,需进行10项计算(见记录表格),所有结果均符合限差要求后方能迁站。其限差如表S4所示。

表S4 测站限差

等级	视线长度(m)	视线高度	后、前视距差(m)	后、前视距累计差(m)	黑、红面读数差(mm)	黑、红面高差之差(mm)
四等	100	三丝能读数	5.0	10.0	3.0	5.0

(4)迁站时,前视尺(连同尺垫)不动,即变为下一测站的后视尺,而将本站的后视尺调为下一测站的前视尺,相邻测站前、后尺的红、黑面起始读数差4.687 m和4.787 m也将随之对调。

(5)观测完毕后,还应对整个记录进行计算检核,计算检核项目见《工程测量技术》模块二项目一任务三。

实验三报告

实验名称:四等水准测量

日期____天气____专业____年级____班级____小组____观测________记录________

一、实验记录

四等水准测量记录见表S5。

二、实验计算

高差闭合差调整及待定点高程计算见表S6。

三、实验成果

(1)此次实验中最大的测站后、前视距差为________mm,后、前视距累计差为____mm,黑、红面读数差为________mm,黑、红面高差之差为________mm,实测路线高差闭合差为________mm,说明实验成果________要求。

(2)假设A点的高程为H_A =________m,经高差闭合差调整,算得B点的高程H_B =________m,C点的高程H_C =________m。

表 S5　四等水准测量记录

测站编号	点号	后尺 上/下 后视距(m) 后、前视距差(m)	前尺 上/下 前视距(m) 累计差(m)	方向及尺号	水准尺读数(m) 黑面	水准尺读数(m) 红面	K＋黑－红(mm)	高差中数(m)	说明
		(1)	(4)	后	(3)	(8)	(13)	(18)	K_1 = K_2 =
		(2)	(5)	前	(6)	(7)	(14)		
		(9)	(10)	后－前	(16)	(17)	(15)		
		(11)	(12)						
1				后 1					
				前 2					
				后－前					
2				后 2					
				前 1					
				后－前					
3				后 1					
				前 2					
				后－前					
4				后 2					
				前 1					
				后－前					
校核		Σ(9) = Σ(10) = (12)末站 = 总距离 =			Σ(3) = Σ(6) = Σ(16) = $\frac{1}{2}[\Sigma(16)+\Sigma(17)\pm 0.100]$ =	Σ(8) = Σ(7) = Σ(17) =		Σ(18) =	

表 S6　高差闭合差调整及待定点高程计算

点号	测站数	距离(km)	实测高差(m)	改正数(mm)	改正后高差(mm)	高程(m)
A						
B						
C						
A						
Σ						
辅助计算	$f_h=$ $f_{h容}=\pm20\sqrt{L}=$ (mm)					

四、实验答题

(1)测站观测数据计算中,后、前视距差和后、前视距累计差的区别在于________________________________。

(2)一对双面水准尺的红、黑面起始读数差 K_1、K_2 不相同,是为了________________________________。在计算一测站的黑、红面高差之差和黑、红面高差平均数时,当________________时,应在 $h_{红}$ 前面 +0.100 m;当________________时,应在 $h_{红}$ 前面 −0.100 m。

(3)整条线路应尽量安排偶数站,其目的是________________________________。

(4)通过实验可知四等水准测量和普通水准测量的相同点在于________________________________,不同点在于________________________________。

实验四　微倾式水准仪检验和校正

一、技能目标

能进行微倾式水准仪的检验和校正。

二、内容

首先,了解微倾式水准仪主要轴线的名称和所在的位置,并对仪器的各组成部分和相关螺旋的有效性进行一般检查,然后进行水准仪的三项检验校正。

三、安排

（1）时数：课内2学时，每小组4～5人。

（2）仪器：每组领DS_3型水准仪1台、水准尺1对、尺垫2只、校正针1根、测伞1把、记录板1块。

（3）场地：较平整，距离约80 m。

四、步骤

（一）圆水准轴检验和校正

（1）检验：先转动脚螺旋使圆水准器气泡居中，再将望远镜旋转180°，看圆水准器气泡是否仍居中。若仍居中，说明条件满足；若气泡偏离黑圈外，说明条件不满足，需要校正。

（2）校正：稍许松动圆水准器底部固定螺丝，用校正针拨动圆水准器校正螺丝令气泡返回偏离量的一半，使条件满足；再旋转脚螺旋令气泡居中，使仪器整平，最后将底部固定螺丝旋紧。重复该项检校，直至条件满足。

检验和校正情况绘图说明见表S7。

（二）十字丝横丝检验和校正

（1）检验：用望远镜十字丝横丝一端对准某点状标志，固紧制动螺旋，旋转微动螺旋，使望远镜水平微动，看该点状标志是否偏离横丝。若不偏离，说明条件满足；否则说明条件不满足，需要校正。

（2）校正：卸下目镜护罩，松开十字丝分划板的固定螺丝，稍许转动十字丝环，使点状标志相对中横丝的偏离量减少一半，重复该项检校，直至条件满足。最后，将固定螺丝旋紧，装上目镜护罩。

检验和校正情况绘图说明见表S8。

（三）水准管轴检验和校正

1. 检验

地面选J_1、A、B、J_2四点，总长61.8 m，相邻点间距均为20.6 m，其中A、B点放置尺垫并竖立水准尺（见图S2），再实施以下步骤：

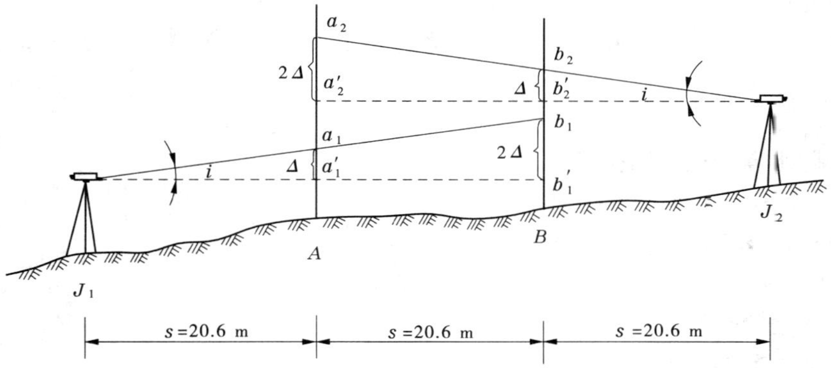

图S2　水准管轴检验示意图

(1)将仪器安置于 J_1 点，照准二尺，分别进行四次读数，取平均得 a_1、b_1，并算得 A、B 的第 1 次高差 $h_{AB}=a_1-b_1$。

(2)将仪器安置于 J_2 点，再次照准二尺，分别进行四次读数，取平均得 a_2、b_2，并算得 A、B 的第 2 次高差 $h'_{AB}=a_2-b_2$。

(3)计算：仪器的 i 角对近端标尺读数的影响值 $\Delta=\frac{h'_{AB}-h_{AB}}{2}$(mm)，仪器的 i 角为 $i''=10\Delta$。

若 i 超过 ±20″，即需进行校正。

2. 校正

其步骤为：

(1)计算此时 A 尺的正确读数 $a'_2=a_2-2\Delta$。

(2)旋转微倾螺旋，使十字丝中丝对准 A 尺的正确读数 a'_2，水准管气泡自然不再居中。

(3)用校正针拨动水准管上、下校正螺丝，使气泡左、右影像重新符合。

(4)使仪器照准 B 尺，检查其读数是否变为正确读数 $b'_2=b_2-\Delta$，如不相等，重复该项检校，直至条件满足。

(5)再依上述检验步骤进行第 2 次(校正后)检验，以检查校正第 1 次(校正前)和第 2 次(校正后)的检验记录，见表 S9。

参见《工程测量技术》模块一项目一任务三。

五、注意事项

(1)仪器如需校正，应在老师指导下进行。

(2)三项检验校正依上述顺序进行，不应颠倒。

(3)用校正针拨动校正螺丝时，应先松后紧，稍许用力，以免损坏螺丝。

实验四报告

实验名称：微倾式水准仪检验和校正

日期____天气____专业____年级____班级____小组____观测________记录________

一、实验记录

(一)圆水准轴检验和校正

圆水准轴检验和校正可绘图说明，见表 S7。

(二)十字丝横丝检验和校正

十字丝横丝检验和校正可绘图说明，见表 S8。

(三)水准管轴检验和校正

水准仪 i 角误差检验记录见表 S9。

表 S7　圆水准轴检验和校正绘图说明

项目	整平后圆水准器气泡位置	望远镜转 180°后气泡位置
检验时	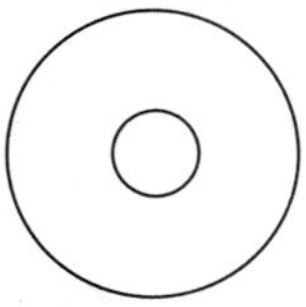	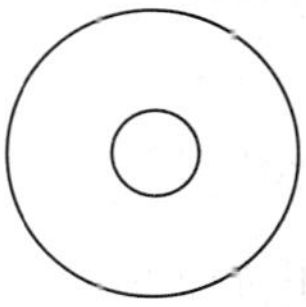
校正后	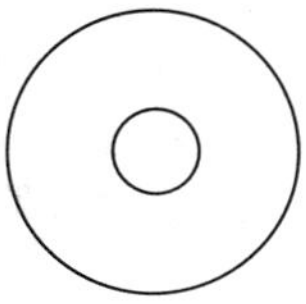	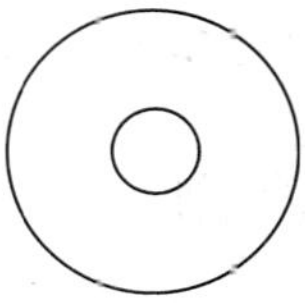

表 S8　十字丝横丝检验和校正绘图说明

项目	检验时	校正后
点状标志偏离中横丝的情况	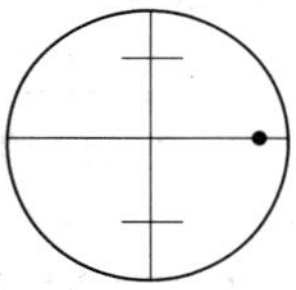	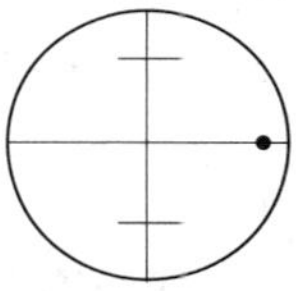

表 S9　水准仪 i 角误差检验记录

第 1 次(校正前)				第 2 次(校正后)			
测站	点号	读数(m)	高差(mm)	测站	点号	读数(m)	高差(mm)
J_1	A	$a_1 =$	$h_{AB} = a_1 - b_1$	J_1	A	$a_1 =$	$h_{AB} = a_1 - b_1$
	B	$b_1 =$	$=$		B	$b_1 =$	$=$
J_2	A	$a_2 =$	$h'_{AB} = a_2 - b_2$	J_2	A	$a_2 =$	$h'_{AB} = a_2 - b_2$
	B	$b_2 =$	$=$		B	$b_2 =$	$=$
$\Delta = \dfrac{h'_{AB} - h_{AB}}{2} =$			$i'' = 10\Delta$ $=$	$\Delta = \dfrac{h'_{AB} - h_{AB}}{2} =$			$i'' = 10\Delta$ $=$

注:1. 表内 a_1、b_1、a_2、b_2 应分别为各四次读数的平均值。

2. 如需校正,A 尺的正确读数 $a'_2 = a_2 - 2\Delta =$ __________。

二、实验成果

(1)圆水准轴的检校,检验时望远镜转 180°,气泡________,说明________;校正后望远镜转 180°,气泡________,说明________________。

(2)十字丝横丝的检校，检验时点状标志偏离中横丝________，说明________；校正后点状标志偏离中横丝________，说明________________。

(3)水准管轴的检校，检验得 $i=$ ________，说明________；校正后 $i=$ ________，说明________________。

三、实验答题

(1)圆水准轴检校，目的是使________________________，如果该条件不满足，其原因是________________________________。

(2)十字丝横丝检校，目的是使________________________，如果该条件不满足，其原因是________________________________。

(3)水准管轴检校，目的是使________________________，如果该条件不满足，其原因是________________________________。

(4)在圆水准轴检校中，只要用校正针拨动圆水准器校正螺丝令气泡返回偏离量的一半，就可使条件满足，其理由是________________________________；如果校正后仍有剩余误差，可通过________________________________来整平仪器。

(5)在水准管轴检校中，四点间距均设为 20.6 m，是为了________________________________，由检验所得 $i=$ ________，表明此时望远镜视准轴为向____倾斜。

(6)如果校正后仍有剩余的 i 角误差，可通过____来消除它对测站高差的影响。

实验五　数字水准仪认识和使用

一、技能目标

能使用 DL－202 型数字水准仪。

二、内容

(1)了解 DL－202 型数字水准仪各部件及有关螺旋的名称和作用。
(2)掌握 DL－202 型数字水准仪的使用方法。
(3)练习用数字水准仪进行高程高差测量和线路高程测量。

三、安排

(1)时数：课内 2 学时，每小组 2～4 人。
(2)仪器：每组领 DL－202 型数字水准仪 1 台、编码水准尺 1 根、测伞 1 把、记录板 1 块。
(3)场地：与实验二的闭合水准路线相同。

四、步骤

(一)安置仪器

与 DS_3 型水准仪安置相同。

（二）粗平

按“左手法则”旋转脚螺旋，使圆水准器气泡居中。

（三）认识 DL－202 型数字水准仪

了解仪器各部件的名称和作用，开机，熟悉仪器操作键及其功能，以及各级菜单的内容和使用方法。

（四）瞄准

先目镜调焦，以天空或粉墙为背景，转动目镜对光螺旋，使十字丝清晰；后照准目标，转动望远镜，通过其上的准星和缺口照准标尺，固定水平制动螺旋，旋转微动螺旋，使标尺成像在望远镜视场中央；再物镜调焦，旋转物镜对光螺旋，使标尺的影像清晰，同时检查是否存在视差现象，若存在，反复调焦，加以消除。

（五）观测

（1）按［MENU］键—进入标准测量模式—照准标尺—按［MEAS］键测量标尺读数和视距。

（2）按［MENU］键—进入高程高差模式—输入后视点高程—照准后视标尺—按［MEAS］键测量后视尺读数和视距—按［ENT］键确认—照准前视标尺—按［MEAS］键测量前视尺读数和视距—按［↓］键显示前视点高程和后视点、前视点的高差，有关显示结果记入表 S10。

（六）线路测量

线路水准测量示意见图 S3。

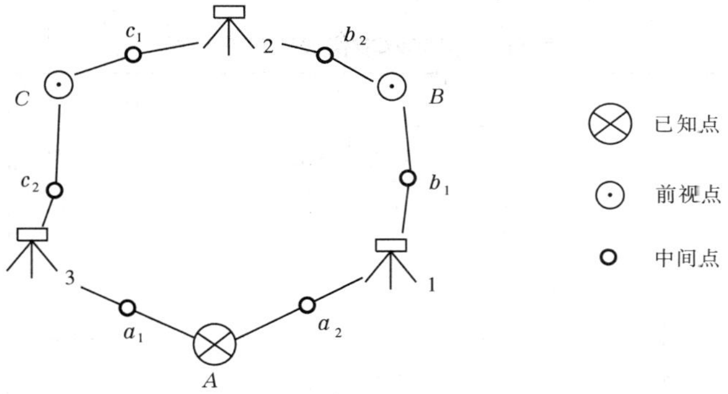

图 S3　线路水准测量示意

从已知点 A 出发，经 B、C 点，再测回 A 点。全线分为 3 段，每段 1 个测站，无转点，但在设站点前、后各增设 1 个“中间点”（见图 S3）。假设 A 点高程 $H_A=30.000$ m，测定每个测站前视点以及中间点的高程和测站高差，并将最后一站测得的 A 点高程和其已知值进行比较，将其各站有关显示结果记入表 S11。

五、注意事项

参见《工程测量技术》模块一项目一任务五之数字水准仪部分和本书附录一：南方测绘 DL－202 型数字水准仪使用简要说明。

实验五报告

实验名称：DL－202 型数字水准仪认识和使用

日期____天气____专业____年级____班级____小组____观测________记录________

一、实验记录

（一）标准测量模式和高程高差模式

数字水准仪高程高差测量记录如表 S10 所示。

表 S10　数字水准仪高程高差测量记录

作业名__________

测站	点号	后视点		前视点		高差（m）	高程（m）
		读数（m）	视距（m）	读数（m）	视距（m）		

（二）线路测量模式

数字水准仪线路测量记录如表 S11 所示。

表 S11　数字水准仪线路测量记录

测站/本站高差	点号	后视点		中间点		前视点		高程（m）	线路总长（m）
		读数（m）	视距（m）	读数（m）	视距（m）	读数（m）	视距（m）		

二、实验成果

已知 A 点高程 $H_A=$________，线路闭合后测得 $H_A=$________，二者较差即线路闭合差 = ________ m。

三、实验答题

（1）数字水准仪通过按________键，选择测量模式。测量模式中的标准测量模式是指________________________，高程高差模式是指________________________，线路测量模式是指________________________。

（2）数字水准仪安置时不需要精平仪器，这是因为____，但须粗平，即旋转脚螺旋使圆水准器气泡居中，这是因为____。

（3）线路测量时，后视点是指________的点，中间点是指________的点，前视点是指________的点。

（4）测量数据的记录可用的存储模式有________、________和________，可以通过________查看测量成果。

实验六　DJ_6 型经纬仪认识和使用

一、技能目标

能使用 DJ_6 型光学经纬仪。

二、内容

（1）了解 DJ_6 型经纬仪各部件及有关螺旋的名称和作用。

（2）掌握经纬仪的对中、整平、瞄准和读数方法。

（3）练习用经纬仪盘左位置测量两个方向之间的水平角。

三、安排

（1）时数：课内 2 学时，每小组 2 ~ 4 人。

（2）仪器：每组领 DJ_6 型经纬仪 1 台、测伞 1 把、记录板 1 块。

（3）场地：设测站点为 O，远处选择两个背景清晰的直立目标 A 与 B。

四、步骤

（一）认识经纬仪

1. 安置

松开架腿，调节其长度后拧紧架腿螺旋；将三角架张开，使其高度约与胸口平，移动三角架,使其中心大致对准地面测站点标志,架头基本水平,然后将架腿的尖部踩入土中(或插在坚硬路面的凹陷处);从仪器箱中取出经纬仪,用中心连接螺旋将其固连到脚架上。

2. 认识

了解仪器各部件及有关螺旋的名称、作用和使用方法,熟悉读数窗内度盘和分微尺影像的刻划和注记。

(二)使用经纬仪

1. 对中

先练习使用悬挂在中心连接螺旋挂钩上的垂球进行对中。

2. 整平

安置经纬仪时挪动架腿,使脚架头表面大致水平,旋转脚螺旋使圆水准器气泡居中,使仪器粗略整平;再使照准部水准管与任两脚螺旋的连线平行,按照“左手法则”,旋转该两脚螺旋使照准部水准管气泡居中,将照准部旋转 90°,旋转第三个脚螺旋使气泡居中。反复操作,直至仪器旋转至任意方向,水准管气泡均居中,即使仪器精确整平。

再练习使用光学对中器同时进行仪器的对中和整平,具体方法参见《工程测量技术》模块一项目二任务一。要求:对中误差不超过 1 mm,整平误差即气泡偏离中心不超过 1 格。

3. 照准

先松开照准部和望远镜的制动螺旋,将望远镜指向明亮的背景或天空,旋转目镜调焦螺旋,使十字丝清晰,然后转动照准部,用望远镜上的瞄准器对准目标,再通过望远镜瞄准,使目标影像位于十字丝竖丝附近,旋转对光螺旋,进行物镜调焦,使目标影像清晰,消除视差,最后旋转水平和望远镜微动螺旋,使十字丝竖丝单丝与较细的目标精确重合,或双丝将较粗的目标夹在中央。

4. 读数

打开反光镜,调节反光镜的角度,使读数窗明亮,旋转读数显微镜的目镜,使读数窗内影像清晰。上方注有“H”的小窗为水平度盘影像,下方注有“V”的小窗为竖直度盘影像。采用分微尺读数法,首先读取分微尺所夹的度盘分划线的度数,再读取该度盘分划线在分微尺上所指的小于1°的分数(估读至0.1′),二者相加,即得到完整的读数。

(三)测量水平角

以经纬仪的盘左位置(使竖直度盘位于望远镜的左侧为盘左,倒转望远镜使竖直度盘位于望远镜的右侧为盘右)先照准左面的目标 A,令其读数为 a,再照准右面的目标 B,令其读数为 b,然后计算其间的水平角 $\beta = b - a$,将读数和计算值记入表 S12 相应的栏目中。

参见《工程测量技术》模块一项目二任务二。

五、注意事项

(1)用光学对中器同时进行仪器的对中和整平时,最后松开中心连接螺旋使仪器在脚架上面作少量平移,精确对中,其后一定要拧紧连接螺旋,以防仪器脱落。

(2)照准目标时,应尽量照准目标的底部。

(3)计算角值时,总是右目标读数 b 减去左目标读数 a,若 $b < a$,则应加 360°。

实验六报告

实验名称：DJ_6 型经纬仪认识和使用

日期____天气____专业____年级____班级____小组____观测________记录________

一、实验记录

水平角观测记录如表 S12 所示。

表 S12　水平角观测记录

目标	水平度盘读数 (°　′　″)	水 平 角 值 (°　′　″)	备注
A			
B			
A			
B			

二、实验成果

此次实验仪器对中相对地面标志点偏离____ mm，整平后照准部水准管气泡偏离中心____格。共观测____个水平角，角值分别为__________、____________。

三、实验答题

(1)用光学对中器同时使仪器对中、整平时，将地面点标志调入对中器小圆圈用____的方法，使水准管气泡居中用____的方法，其原理是____。

(2)控制照准部水平方向转动用________________和____________；控制望远镜竖直方向转动用________________和________________；使十字丝清晰，应旋转____________，使目标影像清晰，应旋转____________；配置水平度盘读数，用____。

(3)只要目标是竖直的，即使照准目标不同的高度，其间的水平角值________变化，这是因为____，但在实际观测时还是应尽量照准目标的底部，这是因为____。

实验七　水平角测量(测回法)

一、技能目标

能用测回法测量水平角。

二、内容

每小组再次练习经纬仪的安置,然后按测回法测量一个水平角,两个测回。

三、安排

(1)时数:课内 2 学时,每小组 2 ~4 人。

(2)仪器:每组领 DJ_6 经纬仪 1 台、测伞 1 把、记录板 1 块。

(3)场地:设 O 点为测站,远处选择两个背景清晰的竖直目标 A 与 B(见图 S4)。

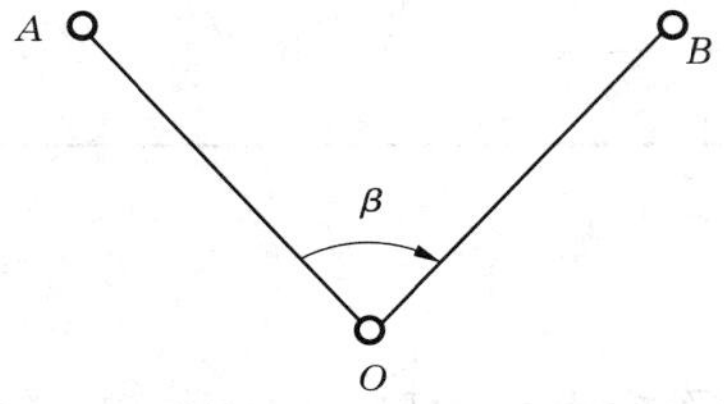

图 S4　水平角测量示意图

四、步骤

(一)安置经纬仪

在测站点上安置经纬仪,对中、整平方法同实验五。

(二)测回法测量水平角(两个测回)

1. 第 1 测回

(1)盘左,瞄准左目标 A,将水平度盘读数配置在 0°00′附近(可稍大若干″),读取水平度盘读数为 a_1,顺时针转动照准部,瞄准右目标 B,读取水平度盘读数为 b_1,计算上半测回角值 $\beta_{左1}=b_1-a_1$。

(2)盘右,瞄准右目标 B,读取水平度盘读数为 b_2,逆时针转动照准部,瞄准左目标 A,读取水平度盘读数为 a_2,计算下半测回角值 $\beta_{右1}=b_2-a_2$。

(3)计算第 1 测回角度平均值 $\beta_1=\dfrac{\beta_{左1}+\beta_{右1}}{2}$。

2. 第 2 测回

仍以盘左开始,瞄准左目标 A,将水平度盘读数配置在 90°00′附近(可稍大若干″),然后以与第 1 测回相同的步骤,测定 $\beta_{左2}$、$\beta_{右2}$,并计算第 2 测回角度平均值 $\beta_2=\dfrac{\beta_{左2}+\beta_{右2}}{2}$。

计算两个测回角度的平均值$\beta_{均}=\frac{\beta_1+\beta_2}{2}$。

在上述观测的同时，将读数和计算值记入表 S13 相应的栏目中。

参见《工程测量技术》模块一项目二任务二。

五、注意事项

(1)如需观测 n 个测回，在每个测回开始即盘左的起始方向，应旋转度盘变换手轮配置水平度盘读数，使其递增$\frac{180°}{n}$。配置完毕，应将度盘变换手轮的盖罩关上，以免碰动度盘。同测回内由盘左变为盘右时，不得重新配置水平度盘读数。

(2)同测回内两个半测回角值较差应不超过 ±40″，各测回之间角值较差不超过 ±24″。

实验七报告

实验名称：水平角测量(测回法)

日期____天气____专业____年级____班级____小组____观测________记录________

一、实验记录

测回法观测手簿如表 S13 所示。

表 S13　测回法观测手簿

测站	目标	竖盘位置	水平度盘读数 (° ′ ″)	半测回角值 (° ′ ″)	一测回角值 (° ′ ″)	各测回平均值 (° ′ ″)
O (1)	*A*	左				
	B					
	A	右				
	B					
O (2)	*A*	左				
	B					
	A	右				
	B					

二、实验成果

此次实验共观测____个单角，每个单角观测____个测回。半测回角值较差容许值为________，测回间角值较差容许值为________。此次实验半测回角值最大较差为________，测回间角值最大较差为________，说明实验成果________要求。

三、实验答题

(1)同一方向盘左、盘右水平读数的大数应相差________,否则说明________
____。

(2)配置水平度盘读数的目的是____,它只能在________________________________时进行,测回内由盘左变为盘右,不得重新配置水平度盘读数,这是因为____
____。

实验八　竖直角测量和竖盘指标差测定

一、技能目标

能进行竖直角测量和竖盘指标差的测定。

二、内容

(1)了解 DJ_6 型经纬仪与竖盘有关部件及螺旋的名称和作用。

(2)每小组在指定测站测量两个以上目标点的竖直角,各 1 个测回。

(3)同时计算不同目标点观测的竖盘指标差。

三、安排

(1)时数:课内 2 学时,每小组 2 ~4 人。

(2)仪器:每组领 DJ_6 型经纬仪 1 台、校正针 1 根、测伞 1 把、记录板 1 块。

(3)场地:设测站点为 O,远处选择 2 个背景清晰,分别为高于测站的目标 A 和低于测站的目标 B(见图 S5)。

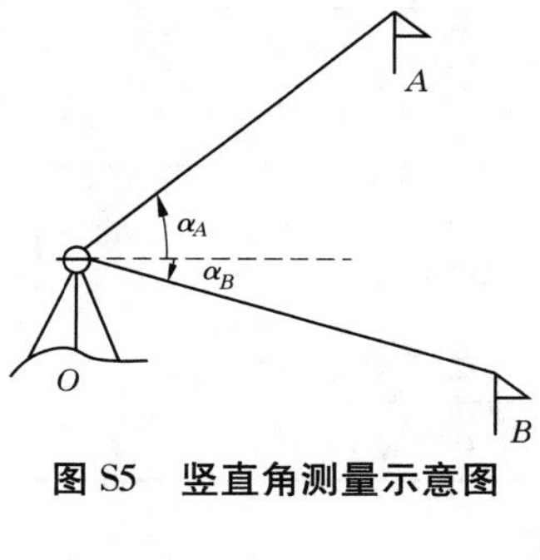

图 S5　竖直角测量示意图

四、步骤

(一)认识和使用与竖盘有关的部件及螺旋

1. 安置

在场地上安置经纬仪,整平。

2. 认识

了解竖盘特点和竖盘指标水准管及其微动螺旋等的作用和使用方法。

3. 照准

松开照准部和望远镜制动螺旋,通过望远镜瞄准目标,旋转水平,并旋转望远镜微动螺旋,使十字丝中横丝与目标顶端(或需要测量竖直角的部位)精确相切。

4. 读数

旋转竖盘指标水准管微动螺旋,使指标水准管气泡居中,仍采用分微尺读数法,读取读数窗下方注有“V”的竖直度盘读数(估读至0.1′)。

(二)竖直角测量

(1)盘左,瞄准目标A,以中横丝与目标顶端相切,使指标水准管气泡居中,读取竖盘读数为L,计算盘左竖直角值$\alpha_L = 90° - L$。

(2)倒转望远镜成盘右,仍以中横丝与目标A顶端相切,使指标水准管气泡居中,读取竖盘读数为R,计算盘右竖直角值$\alpha_R = R - 270°$。

(3)计算一测回角度平均值为

$$\alpha = \frac{\alpha_L + \alpha_R}{2} \tag{1}$$

在上述观测的同时,将读数和计算值记入表S14相应的栏目中。

(4)按相同步骤测定目标B的竖直角。

(三)竖盘指标差测定

根据观测所得同一目标盘左、盘右竖直角值,或盘左和盘右的竖盘读数,代入式(2)或式(3)计算竖盘指标差

$$x = \frac{\alpha_R - \alpha_L}{2} \tag{2}$$

或

$$x = \frac{(L + R) - 360°}{2} \tag{3}$$

将计算结果记入表S14即为竖盘指标差的测定值。

参见《工程测量技术》模块一项目二任务三。

五、注意事项

(1)照准目标时,盘左、盘右必须均照准目标的顶端或同一部位。

(2)凡装有竖盘指标水准管的经纬仪,必须旋转指标水准管微动螺旋使气泡居中,方能进行竖盘读数。

(3)算得的竖直角和指标差应带有符号,尤其是负值的“-”号不能省略。

(4)如测量两个以上目标(或同一目标多个测回)的竖直角,可以根据各自算得竖盘指标差之间的较差,检查观测成果的质量。DJ_6型光学经纬仪竖盘指标差之间的较差应不超过±30″。

实验八报告

实验名称:竖直角测量和竖盘指标差测定

日期____天气____专业____年级____班级____小组____观测________记录________

一、实验记录

竖直角观测手簿如表 S14 所示。

表 S14　竖直角观测手簿

测站	目标	竖盘位置	竖盘读数 (° ′ ″)	半测回竖直角 (° ′ ″)	一测回竖直角 (° ′ ″)	$x=\dfrac{\alpha_R-\alpha_L}{2}$
O	*A*	左				
		右				
O	*B*	左				
		右				

二、实验成果

(1)此次实验共观测____个目标的竖直角,每个竖直角观测____个测回,测得的竖直角分别为____________和____________。

(2)竖盘指标差 x 的较差容许值为________,此次实验竖盘指标差 x 的最大较差为________,说明实验成果________要求。

三、实验答题

(1)竖直角观测时,应先用________________和________________控制照准部和望远镜的转动,以便用________________与目标相切;然后用________________________________使竖盘指标水准管气泡居中,才能进行竖盘读数。

(2)竖直角观测时,只需对目标进行照准和读数,而水平方向是不需要读数的,这是因为____。

(3)同一目标竖盘的盘左、盘右读数之和理论上应等于____,如果不等于该值,原因可能有两点:一是________________________,二是________________________。

(4)若测得的竖直角为正值,说明该角为________;为负值,说明该角为________。若算得的竖盘指标差为正值,说明竖盘指标线偏于________________;为负值,说明竖盘指标线偏于________________。

(5)若测量两个以上目标(或同一目标多个测回)的竖直角,可算得多个竖盘指标差。

如指标差之间的较差很小,说明______________________________,如指标差之间的较差偏大,说明______________________________,这是因为__________________________。

实验九　光学经纬仪检验和校正

一、技能目标

能进行光学经纬仪的检验和校正。

二、内容

首先,了解 DJ_6 型经纬仪主要轴线名称和所在的位置,并对仪器各组成部分和相关螺旋的有效性进行一般检查,然后进行经纬仪的五项检验和校正。

三、安排

(1)时数:课内 2 学时,每小组 2 ~4 人。

(2)仪器:每组领 DJ_6 型经纬仪 1 台、校正针 1 根、测伞 1 把、记录板 1 块。

(3)场地:一较平整场地,可观测到远处不同高度的直立目标。

四、步骤

(一)照准部水准管轴检验和校正

(1)检验:先转动照准部,使照准部水准管平行于一对脚螺旋,旋转该对脚螺旋使水准管气泡居中,再将照准部旋转 180°,看气泡是否仍居中。如仍居中,说明条件满足;若气泡偏离中心 1 格以上,说明条件不满足,需要校正。

(2)校正:用校正针拨动照准部水准管上下校正螺丝,令气泡返回偏离量的一半,使条件满足;再旋转脚螺旋令气泡居中,使仪器整平。重复该项检校,直至条件满足。

检验和校正情况绘图说明见表 S15。

(二)视准轴检验和校正

(1)检验:以盘左、盘右观测大致位于水平方向的同一目标 P,分别得读数 M_1、M_2,代入式(4)

$$c = \frac{M_1 - (M_2 \pm 180°)}{2} \tag{4}$$

如算得的 c 值超过允许范围(一般为 ±30″),即说明存在视准轴误差。

(2)校正:此时望远镜仍处于盘右位置,校正按以下步骤进行:

先根据算得的 c 值代入式(5),计算盘右的正确读数

$$M_{正} = M_2 + c \tag{5}$$

再旋转照准部微动螺旋使平盘读数变为 $M_{正}$,十字丝交点必然偏离目标 P;之后用校

正针拨动十字丝环左、右校正螺丝，一松一紧推动十字丝环左右平移，直至十字丝交点对准原目标 P。

重复该项检校，直至条件满足。检验和校正后的数据记录于表 S16。

（三）横轴检验和校正

检验：以盘左、盘右观测较高处，即竖直角较大的同一目标 P，分别得读数 M_1、M_2，代入上述式(4)，如算得的 c 值超过允许范围（一般为 ±30″），即说明存在（或和视准轴误差同时存在）横轴误差。

校正：由于需调节支承横轴的偏心环，而偏心环在仪器内部，构造较复杂，因此遇此问题，应送工厂维修。

检验的数据记录于表 S17。

（四）十字丝竖丝检验和校正

(1)检验：用望远镜十字丝竖丝一端对准某点状标志，固紧制动螺旋，旋转望远镜微动螺旋，使望远镜上下微动，看该点状标志是否偏离竖丝。如不偏离，说明条件满足；否则说明条件不满足，需要校正。

(2)校正：卸下目镜护罩，松开十字丝分划板的固定螺丝，稍许转动十字丝环，使点状标志相对竖丝的偏离量减少一半。

重复该项检校，直至条件满足。最后，将固定螺丝旋紧，装上目镜护罩。检验和校正的情况绘图说明见表 S18。

（五）竖盘指标水准管轴检验和校正

检验：如实验七中竖盘指标差的测定，安置经纬仪，盘左、盘右照准同一目标得其竖盘读数 L、R，计算得竖直角 α_L、α_R，按实验七式(2) 或式(3)计算指标差 x。若 $|x| > 1'$，应予以校正，其步骤为：

(1)依旧在盘右位置，照准原目标点，计算盘右的竖盘正确读数 $R_{正} = R - x$。

(2)转动竖盘指标水准管微动螺旋，使竖盘读数由 R 改变为 $R_{正}$。此时，指标水准管气泡将不再居中。

(3)用校正针拨动指标水准管上、下校正螺丝使气泡居中，指标水准管轴和竖盘指标线即相互垂直。

重复该项检校，直至条件满足。检验和校正后的数据记录见表 S19。

参见《工程测量技术》模块一项目二任务四。

五、注意事项

(1)仪器如需校正，应在老师指导下进行。

(2)前四项检验校正依上述顺序进行，不应颠倒。

(3)用校正针拨动校正螺丝时，应先松后紧，稍许用力，以免损坏螺丝。

实验九报告

实验名称:光学经纬仪检验和校正

日期____天气____专业____年级____班级____小组____观测______记录______

一、实验记录

(一)照准部水准管轴检验和校正

照准部水准管轴检验和校正绘图说明见表S15。

(二)视准轴检验和校正

视准轴检验和校正记录见表S16。

表S15　照准部水准管轴检验和校正绘图说明

项目	整平后水准管气泡位置	照准部转180°后气泡位置
检验时	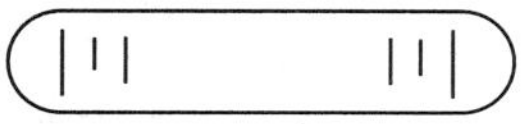	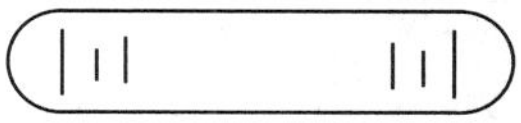
校正后	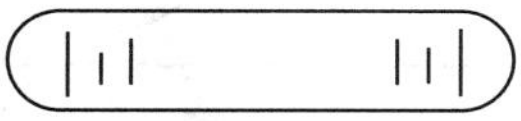	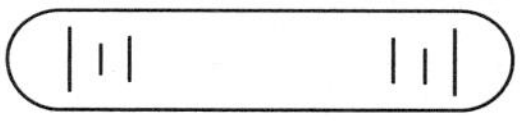

表S16　视准轴检验和校正记录

第1次(校正前)					第2次(校正后)				
测站	平点目标	盘位	水平度盘读数(° ′ ″)	c(″)	测站	平点目标	盘位	水平度盘读数(° ′ ″)	c(″)
		左					左		
		右					右		
		左					左		
		右					右		

注:1. 表内 $c=\dfrac{M_1-(M_2\pm180^\circ)}{2}$。

2. 如需校正,盘右的正确读数 $M_{正}=M_2+c=$________。

(三)横轴检验和校正

横轴检验和校正记录见表S17。

(四)十字丝竖丝检验和校正

十字丝竖丝检验和校正绘图说明见表S18。

(五)竖盘指标水准管轴检验和校正

竖盘指标水准管轴检验和校正记录见表S19。

表 S17　横轴检验和校正记录

第 1 次(校正前)					第 2 次(校正后)				
测站	高点目标	盘位	水平度盘读数(° ′ ″)	c(″)	测站	高点目标	盘位	水平度盘读数(° ′ ″)	c(″)
		左					左		
		右					右		
		左					左		
		右					右		

注：表内 $c=\frac{M_1-(M_2\pm180°)}{2}$。

表 S18　十字丝竖丝检验和校正绘图说明

项目	检验时	校正后
点状标志偏离竖丝的情况	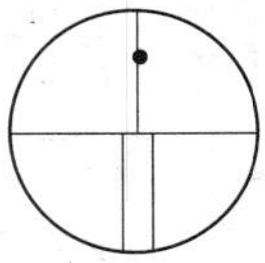	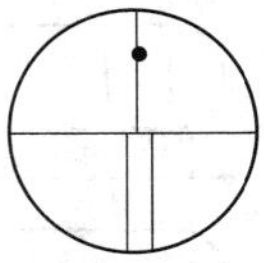

表 S19　竖盘指标水准管轴检验和校正记录

第 1 次(校正前)						第 2 次(校正后)					
测站	目标	盘位	竖盘读数(° ′ ″)	竖角 α(° ′ ″)	x(″)	测站	目标	盘位	竖盘读数(° ′ ″)	竖角 α(° ′ ″)	x(″)
		左						左			
		右						右			
		左						左			
		右						右			

注：表内 $x=\frac{\alpha_R-\alpha_L}{2}$或 $x=\frac{(L+R)-360°}{2}$。

二、实验成果

(1)照准部水准管轴检校，检验时照准部转 180°，气泡________，说明____________；校正后照准部转 180°，气泡________，说明________________________。

(2)视准轴检校，照准平点得 $c=$________，说明________________________；校正后 $c=$____________，说明____________________________。

(3)横轴检校，照准高点得 $c=$________，说明________________________。

(4)十字丝竖丝检校，检验时点状标志偏离竖丝________，说明____________；校正后点状标志偏离竖丝________，说明________________________。

(5)竖盘指标水准管轴检校，检验得竖盘指标差 x = ________，说明________；校正后 x = ________，说明________。

三、实验答题

(1)照准部水准管轴检校，目的是使________，如果该条件不满足，其原因是________。

(2)视准轴检校，目的是使________，如果该条件不满足，其原因是________。

(3)横轴检校，目的是使________，如果该条件不满足，其原因是________。

(4)十字丝竖丝的检校目的是使________，如果该条件不满足，其原因是________。

(5)竖盘指标水准管轴检校目的是使________，如果该条件不满足，其原因是________。

(6)在照准部水准管轴检校中，只要用校正针拨动照准部水准管校正螺丝，令气泡返回偏离量的一半，就可使条件满足，其理由是________；如果校正后仍有剩余误差，可通过________来整平仪器。

(7)在视准轴检校中，应选择________作为照准目标，是因为________，而在横轴检校中，应选择________作为照准目标，是因为________。

(8)仪器检验和校正后，仍存在剩余的视准轴误差和横轴误差，可通过________来消除它们对水平角观测的影响。

(9)在竖盘指标水准管轴检校中，由检验得竖盘指标差 x，如是"+"号，说明________；如是"-"号，说明________。如果校正后仍有剩余的指标差，可通过________来消除它对竖角观测的影响。

实验十　全站仪角度、距离和高差测量

一、技能目标

能使用全站仪进行角度、距离和高差测量。

二、内容

(1)了解全站仪各部件及键盘按键的名称和作用。

(2)掌握全站仪安置和使用方法。

(3)练习用全站仪进行角度测量、距离测量和高差测量的方法。

三、安排

(1)时数:课内 2 学时。

(2)仪器:全站仪 1 台(包括反射棱镜、棱镜架)、测伞 1 把、记录板 1 块。

(3)场地:设 O 为测站点,远处 A 为后视点,场地另一端选 B 点和 C 点为待测点(见图 S6)。

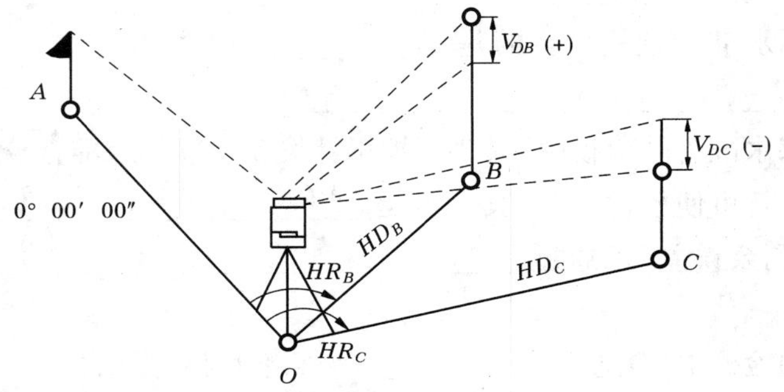

图 S6　全站仪角度、距离、高差测量示意图

四、步骤

(一)安置全站仪及棱镜架(或棱镜杆)

在测站点 O 上安置全站仪,方法与安置经纬仪相同;在目标点 B、C 上安置棱镜。

(二)认识全站仪

了解仪器各部件(包括反射棱镜)及键盘按键的名称、作用和使用方法。

(三)对中、整平

与普通经纬仪相同。

(四)仪器操作

1. 开机自检

打开电源,进入仪器自检(有的全站仪需要纵转望远镜一周,进行竖直度盘初始化,即使竖直度盘指标自动归于零位)。

2. 输入参数

包括棱镜常数、气象参数(温度、气压、湿度)等。

3. 选定模式

包括角度测量模式或距离测量模式。

4. 角度测量

按角度测量键[ANG],进入角度测量模式:

(1)照准后视目标 A,其方向值的配置有以下三种:①直接置零,在测角模式下按[置零]键,使水平度盘设置为 $0°00'00''$;②锁定配置,转动照准部,再通过旋转水平微动螺旋使水平度盘读数等于所需要的方向值,然后按[锁定]键,再照准后视目标按[ENT]键确认;③键盘输入,照准后视目标后按[置盘]键,依显示屏提示,通过键盘输入所需的方向值。

(2)转动照准部照准 B 目标棱镜中心,显示该目标的水平方向值 HR 及其天顶距 V。

(3)转动照准部照准 C 目标棱镜中心,显示该目标的水平方向值 HR 及其天顶距 V。

5. 距离测量

按距离测量键⊿,进入距离测量模式(按[模式]键可对测距模式:单次测量/连续测量/跟踪测量进行转换,一般选择单次测量),即使模式显示为[1]。

(1)照准目标 B 棱镜中心,按[测量]键,测量至 B 点距离,重复按距离测量键⊿可以切换显示模式:

(HR,HD,VD)模式,显示水平方向、水平距离、仪器中心至目标棱镜中心高差;

(V,HR,SD)模式,显示天顶距、水平方向、倾斜距离。

(2)照准目标 C 棱镜中心,重复上述步骤测量至 C 点距离。

以上内容可先以盘左位置进行练习,再以盘右位置进行练习,测量数据记录于表 S20。

测量完毕关机。

五、注意事项

参见《工程测量技术》模块一项目三任务五和本书附录二:南方测绘 NTS-312 型全站仪使用简要说明。

实验十报告

实验名称:全站仪角度、距离和高差测量

日期____天气____专业____年级____班级____小组____观测________记录________

一、实验记录

全站仪测量记录见表 S20。

说明:

(1)竖直角和天顶距的测量模式可以在角度测量模式进入其第 3 页,按[竖角]键进行切换,二者的换算公式为

$$\text{盘左:竖直角} = 90° - \text{天顶距} \qquad \text{盘右:竖直角} = \text{天顶距} - 270°$$

(2)高差为仪器中心至目标棱镜中心高差(参见本书附录二:南方测绘 NTS-312 型全站仪使用简要说明)。

表 S20　全站仪测量记录

测站	目标	盘位	角度 (°　′　″)		距离/高差 (m)	
O	B	左	水平角		平距	
			竖直角		斜距	
			天顶距		高差	
		右	水平角		平距	
			竖直角		斜距	
			天顶距		高差	
	C	左	水平角		平距	
			竖直角		斜距	
			天顶距		高差	
		右	水平角		平距	
			竖直角		斜距	
			天顶距		高差	

二、实验成果

(1)目标________盘左、盘右观测结果：
水平角较差________，平均值为________；高差较差________，平均值为________；
竖直角较差________，平均值为________；N 较差__________，平均值为________；
平距较差__________，平均值为________；E 较差__________，平均值为________；
斜距较差__________，平均值为________；Z 较差__________，平均值为________。

(2)目标________盘左、盘右观测结果：
水平角较差________，平均值为________；高差较差________，平均值为________；
竖直角较差________，平均值为________；N 较差__________，平均值为________；
平距较差__________，平均值为________；E 较差__________，平均值为________；
斜距较差__________，平均值为________；Z 较差__________，平均值为________。

三、实验答题

(1)全站仪主要由____________________________、____________________________、________________________等部分组成，不仅能全部完成测站上所有的____________、________和________测量以及________________测量，还能进行________________、____________________和____________________等工作。

(2)本次实验使用的全站仪型号是____________，其测角精度______，测距精度为________________，表示测距时的固定误差为____________________，比例误差为______________________________。

(3)该型号全站仪开机后进行水平度盘和竖直度盘初始化，就是将照准部（横向）和望远镜（纵向）各________，以便使________和________自动归于零位。

(4)该型号全站仪进行角度测量时，进入____________模式，照准零方向，按____________键“置零”，然后照准目标点，即可显示________和目标点的________；如需配置零方向的方向值，则应在照准零方向后，按____________键，输入需配置的方向值，再按________键即可，但此后照准目标点显示的是________________________________，水平角则为______________________________，同时还可显示____________________。

(5)该型号全站仪进行距离测量时，进入____________模式，照准目标点棱镜中心，按________键，同时显示________________、________________和__________________；按________________键，可使距离的显示在________、________和________之间进行转换；显示的高差是指____。

实验十一　全站仪坐标测量

一、技能目标

能使用全站仪调用数据文件进行极坐标测量和后方交会坐标测量。

二、内容

(1)测站点三维坐标、仪器高、棱镜高和后视方位角设置。

(2)全站仪极坐标法测定新点。

(3)全站仪后方交会法测定新点。

(4)全站仪坐标文件建立和调用。

三、安排

(1)时数：课内 2 学时。

(2)仪器：全站仪 1 台（包括棱镜与棱镜架）、2 m 小钢尺 1 只、测伞 1 把、记录板 1 块。

(3)场地：设 *O* 为测站点，远处 *A* 为后视点，场地另一端选 *B*、*C*、*D* 三点分别架设反射棱镜（见图 S7）。

四、步骤

（一）安置全站仪及棱镜架

在测站点 *O* 上安置全站仪，量仪器高 *i*，在三个目标点 *B*、*C*、*D* 上安置棱镜架，仪器的开机、对中、整平等基本操作同实验十。

（二）三维坐标测量

1. 在坐标测量模式测定新点坐标

(1)按 键进入坐标测量模式，进第 3 页，按[仪高]键，输入测站仪器高；按[镜高]键，输入 *B* 点棱镜高，按[测站]键，输入测站点 *O* 坐标（N_O，E_O，Z_O），按[后视]键，输入后

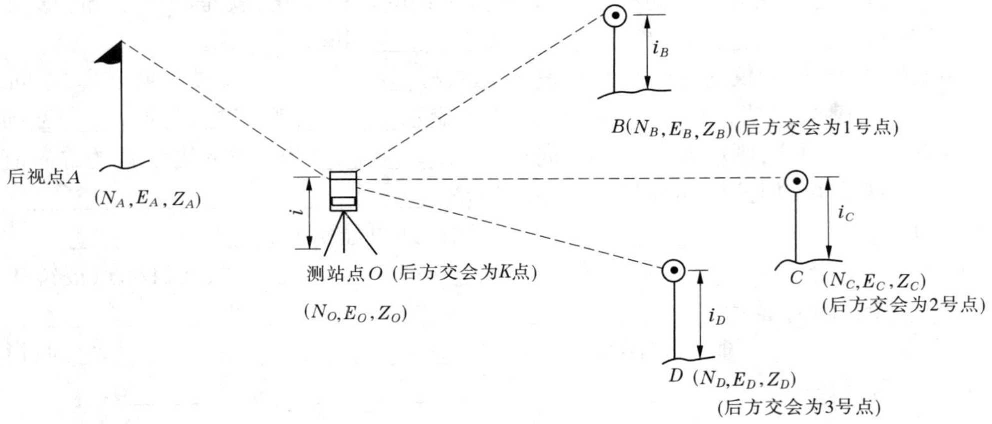

图 S7　全站仪坐标测量示意图

视点 A 坐标(N_A,E_A,Z_A),回车,照准后视点 A,照准？按[是]键(说明:在坐标测量开始时,也可以按[角度测量]键,进入角度测量模式,转动望远镜照准后视点 A,按[置盘]键,输入后视方位角,亦可完成后视方位角的设置),按[F4]键进坐标测量第 2 页,照准 B 点棱镜中心,按[F1]键测量,显示 B 点三维坐标(N_B,E_B,Z_B)。

(2)输入 C 点棱镜高(其他已输入的测站坐标、仪器高和后视方向值等无需重新输入),照准 C 点棱镜中心,按[F1]键测量,显示 C 点三维坐标。

(3)输入 D 点棱镜高,照准 D 点棱镜中心,按[F1]键测量,显示 D 点三维坐标。但坐标测量时,若还需盘右观测,仍应先照准后视点,且将其水平度盘的方向值设置为后视方位角 α_{OA},否则该方向值将自行 ±180°,从而导致结果出错。

2. 在放样模式测定新点坐标

1)建立已知点坐标文件

按菜单键[M];按[F3]键内存管理,进 2/3 页;按[F1]键输入坐标;输新文件名或调用老文件,回车;输入测站点 O 的点名、编码(如无编码,可以跳过)和三维坐标,回车;继续输入后视点 A 的点名和坐标;按[ESC]键结束。

2)在放样模式设置测站点

按放样键[S.O];选择文件;按[F2]键调用(显示上述坐标文件,予以选择,回车;按[F1]键输入测站点;输入测站点名 O;显示该点坐标,OK？按[是]键;输入仪器高,回车;结束。

3)在放样模式设置后视点

按放样键[S.O];选择文件;按[F2]键调用(显示上述坐标文件,予以选择,回车);按[F2]键输入后视点;输入后视点名 A;显示该点坐标,OK？按[是]键;显示后视方位角;照准后视点 A;>照准？按[是]键;结束。

4)极坐标法测定新点

按放样键[S.O];按[P1↓]键进入 2/2 页;按[F2]键新点;选“F1:极坐标法”;选择文件(输入文件名,或调用上述坐标文件,回车);输入新点点名 B、编码,回车;输入 B 点棱镜高,回车;照准点 B;按[F1]键测量;记录？按[是]键,B 点坐标存入文件,依次继续

新点 C、D 的点名、编码输入和坐标测量；按[ESC]键结束（说明：各点如无编码，可跳过）。

5）后方交会法测定新点

按放样键[S. O]；按[P1↓]键进入 2/2 页；按[F2]键新点；选“F2：后方交会法”；选择文件（输入文件名，或调用上述坐标文件，回车）；输入新点点名（仍为测站点，但改名为 K，以免覆盖原 O 点坐标）、编码，回车；选“F1：距离后方交会”；输入仪高，回车；输入 1 号已知点 B 点名，回车，显示 B 点坐标，>OK？按[是]键；输入 B 点镜高，回车；照准 B 点；按[F1]键测量；输入 2 号已知点 C 点名、镜高，再对 C 点进行照准、测量，显示残差（已知点间的距离差和由两已知点算得的新点的 Z 坐标差）；按[F1]键下一步；继续对 3 号已知点 D 进行点名、镜高输入、照准、测量（最多可达 7 个已知点）；按[F4]键计算，显示新点 K 坐标；记录？按[是]键，将 K 点坐标存入文件；按[ESC]键结束。

打开坐标文件，调出测站点原点名 O 的坐标和新点名 K 的坐标加以比较，记录其较差。

五、注意事项

参见《工程测量技术》模块一项目四任务四和本书附录二：南方测绘 NTS－312 型全站仪使用简要说明。

实验十一报告

实验名称：全站仪坐标测量

日期____天气____专业____年级____班级____小组____观测________记录________

一、极坐标法测定新点

全站仪测量记录见表 S21。

表 S21　全站仪测量记录

测站点____　N_O = ________、E_O = ________、Z_O = ________　仪器高 i ________

后视点____　N_A = ________、E_A = ________、Z_A = ________　仪器型号________

测站	后视	目标 棱镜高(m)	盘位	坐标 (m)		盘位	坐标 (m)	
				N			N	
		B / l_B =	左	E		右	E	
				Z			Z	
				N			N	
O	A	C / l_C =	左	E		右	E	
				Z			Z	
				N			N	
		D / l_D =	左	E		右	E	
				Z			Z	

二、后方交会法测定新点

后方交会坐标测量成果检核见表 S22。

测站点________K(即原测站点 A),仪器高 i________。

后视点 1(B 点),镜高 l_B ________;后视点 2(C 点),镜高 l_C ________;后视点 3(D 点),镜高 l_D ________。

三、实验答题

该型号全站仪进行坐标测量时,先照准后视点,进入__________模式,按________键,输入________________________,再进入______________模式,输入测站点坐标、仪器高和目标点棱镜高,转动照准部照准目标点的棱镜,按________键,即可显示目标点的三维坐标________、________、________。如还需测定其他目标点的三维坐标,则需事先改变相应目标点的__________设置;当从盘左变为盘右进行坐标测量时,仍需先照准后视点,将起始方向值设置为______________。

表 S22　后方交会坐标测量成果检核

点名	盘位	N	E	Z
K(新点)	左			
	右			
	平均			
O(原测站点)				
较差(mm)				

实验十二　GPS RTK 接收机认识与使用

一、技能目标

能使用 GPS RTK 接收机进行定位测量的外业操作。

二、内容

(1)了解 GPS RTK 接收机各部件及有关按键的名称和作用。

(2)掌握 GPS RTK 接收机天线高的量测方法。

(3)掌握使用 GPS RTK 接收机进行定位测量的方法。

三、安排

(1)时数:课内 2 学时;小组:2 ~4 人。

(2)仪器:天宝(Trimble)或南方测绘灵锐相应型号的 RTK 接收机若干台及相关附件。

(3)场地:设置 3 个点,将 1 号点作为已知点(基准站点),2、3 号点作为控制点(流动站点),另选 3 ~5 个地物特征点作为地形点。

四、步骤

(一)认识 GPSRTK 接收机

了解仪器及手持控制器的各部件、按键的名称、作用和使用方法。

(二)架设基准站

在 1 号点上安置接收机,量取天线高,同时架设电台及其天线,并与接收机连接——建立新工程,设置坐标系、测区中央子午线经度等相关参数。

(三)启动基准站

手持 1 号点接收机的控制器点击“测量”图标,进入测量方式——测量工作方式,选 RTK“实时动态”——在测量菜单选“启动基准站”,输入基准站点名、天线高,及基准点的已知坐标(或假设坐标)等。

(四)设置流动站

在 2、3 号点上同时安置接收机,输入天线高等参数。

(五)启动流动站

将 2、3 号点上接收机的手持控制器插头插入接收机的插口,在测量菜单中选“开始测量”——待屏幕显示 RTK = FIXED 时,初始化完毕,即启动流动站。

(六)开始“控制点”测量

在“测量”菜单选“测量点——控制点”,输入 2、3 号点的点名及其他参数,即可将其视为“控制点”进行测量,3 min 后即可完成测量并将数据存储。

(七)进行其他“地形点”测量

在实验场地选择数个地形特征点,手持流动站的 RTK 接收机对中杆,依次立于地形特征点上,在“测量”菜单选“测量点——地形点”,输入该点的点名等信息,即可将其视为一般“地形点”进行测量,3 ~5 s 后即可完成测量并将数据存储。

(八)查阅测量成果

返回主菜单,进入“文件”——“查看当前任务”,对所有测得的控制点和地形点坐标进行查阅。

五、注意事项

(1)实验场地应选在地势开阔或广场处。

(2)接收机的参数设置应予以检查,准确无误后方能开始测量。

如接收机属天宝系列,参阅《工程测量技术》模块二项目一任务四。

实验十二报告

实验名称:GPS RTK 接收机认识与使用

日期____天气____专业____年级____班级____小组____观测________记录________

坐标系________,测区所在中央子午线________,接收机型号________

基准点点名________,$x=$________,$y=$________,$H=$________,天线高 =________

一、实验记录

表 S23　GPS RTK 定位测量记录

点名	天线高(m)	x(m)	y(m)	H(m)	说明

二、实验答题

(1)GPS RTK 测量采用的是载波相位差分定位的方法,其基本原理是____________

____

____

____。

(2)GPS RTK 定位测量采用的是 WGS－84 坐标系,本次测量经坐标系设置,观测点的坐标均已转换为____________________坐标系的坐标。

(3)开始测量前,设置测区所在中央子午线的经度,其目的是____________________

____________________,量测天线高的作用是____________________。

(4)GPS RTK 定位测量的流动站点分为控制点和地形点,其区别在于____________

____。

实验十三　使用 CASS 软件绘制数字地形图

一、技能目标

能用 CASS 软件在电脑上绘制数字地形图。

二、内容

(1)熟悉 CASS 软件的界面和菜单。

(2)调用软件自带的示例用坐标数据文件“C:\CASS2008\DEMO\STUDY. DAT”,绘制数字地形图“DEMO\STUDY(X). dwg”。

(3)调用软件自带的示例用坐标数据文件“C:\CASS2008\DEMC\YMSJ. DAT”,绘制数字平面图“DEMO\YMSJ(X). dwg”。

(4)调用软件自带的示例用坐标数据文件“C:\CASS2008\DEMO\DGX. DAT”,绘制数字等高线图“DEMO\DGX(X). dwg”。

三、安排

(1)时数:课内 2 学时。

(2)地点:电脑实验室。每人一台装有网络版 CASS 软件的电脑。

四、步骤

开机,运行 CASS2008 软件,进入 CASS2008 主界面。

(一)绘制数字地形图“DEMO\STUDY(X). dwg”

具体方法和步骤见《工程测量技术》模块二项目二任务三大比例尺地形图数字测绘中内业成图部分。所绘图件以“DEMO\STUDY(X). dwg”定名存盘,括号中的 X 为任意字母或数字,以示与原图件名有所区别。

(二)绘制数字平面图“DEMO\YMSJ(X). dwg”

1. 定显示区

移动鼠标点击“绘图处理”子菜单,在其下拉菜单中选择“定显示区”,按左键在其对话框中选择示例数据文件“C:\CASS2008\DEMO\YMSJ. DAT”并打开。

2. 选择测点点号定位成图法

移动鼠标至屏幕右侧,点击菜单区的“坐标定位\点号定位”项,在其对话框中输入点号坐标数据文件名“YMSJ. DAT”并打开。

3. 展点

移动鼠标至屏幕的顶部菜单,点击“绘图处理”,在其下拉菜单中点击“展野外测点点号”,再次输入坐标数据文件“YMSJ. DAT”并打开,然后输入绘图比例尺 1∶500,回车,在屏幕上展出野外测点的点号。

4. 绘平面图

绘外业工作草图见图 S8。

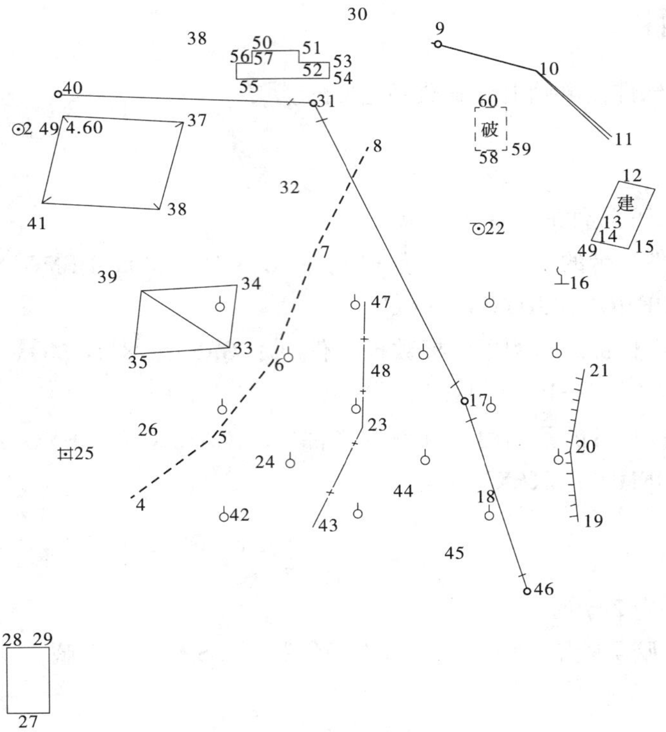

图 S8　外业工作草图

参照图 S8 所示的外业工作草图，由 34、33、35 号点连成一间普通房屋。鼠标点击右侧菜单“居民地\一般房屋”，在弹出的对话框中点击“四点房屋”图标，根据屏幕下方命令区的提示，输入绘图比例尺（如 1∶1 000），以及根据草图选择画房屋的类型（如 1. 已知三点/2. 已知两点及宽度/3. 已知四点 <1>：输入 1（默认为 1），回车），再依顺时针方向输入草图上该房屋的定位点点号 34、33、35，即绘出该普通房屋的连线。重复上述操作，将 27、28、29 号点绘成四点房屋，50、51、52、53、54、55、56、57 号点绘成多点一般房屋；点击“居民地\普通房屋”，将 37、38、41 号点绘成四点棚房，60、58、59 号点绘成四点破坏房，12、14、15 号点绘成四点建筑中房屋；同样在“居民地\垣栅”层找到“依比例围墙”的图标，需确认是否需要拟合，其作用是对边线进行光滑处理，此处选不拟合，输 N，再输边宽 0.5 m，将 9、10、11 号点绘成依比例围墙的符号；仍在“居民地\垣栅”层找到“篱笆”的图标，将 47、48、23、43 号点绘成篱笆的符号。

再将草图中的 19、20、21 号点连成一段陡坎。其操作方法：先移动鼠标并点击右侧屏幕菜单“地貌土质\人工地貌”，再移动鼠标并点击弹出对话框中未加固陡坎符号的图标，根据下方命令区的提示，依次输入坎高（默认值为 1.0 m）及坎上的点号 19、20、21，再确认是否需要拟合，此处选不拟合，输 N，便可在该三点之间绘出陡坎符号（注意：陡坎上的坎毛生成在绘图方向的左侧)。

对照图 S8 外业工作草图重复上述操作将其他测点用各种相应的地形图图式符号绘制出来,并将所绘图件以“DEMO\YMSJ(X).dwg”定名存盘,括号中的 X 为任意字母或数字。

(三)绘制数字等高线图“DEMO/DGX(X).dwg”

1. 建立数字地面模型

先“定显示区”,其操作与上述“点号定位”的“定显示区”操作相同。

键盘输入碎部点坐标数据文件名(示例高程点文件 C:\CASS2008\DEMO\DGX..DAT)并打开,然后在“绘图处理”下拉菜单中点击“展高程点”选项。再在下方命令区提示“注记高程点距离”(即根据规范要求输入高程点注记距离)时,回车默认为注记全部高程点的高程,即将所有高程点和控制点的高程均展绘到图上。

移动鼠标至屏幕顶部菜单点击“等高线”项,然后点击其下拉菜单的“建立 DTM”项,再在对话框中首先选择建立 DTM 的方式为由数据文件生成,输入上述高程点数据文件名,选择要显示建三角网结果,确定后即生成三角网。

2. 绘制等高线

先输入绘图比例尺(如 1:500),点击“等高线\绘制等高线”菜单,在弹出的对话框中输入绘图等高距(如 1 m),等高线的拟合方式选“三次 B 样条拟合”,确定后便绘出等高线图,再点击“等高线\删除三角网”将三角网删除,所绘图件以“DEMO\DGX(X).dwg”定名存盘,括号中的 X 为任意字母或数字。参见《工程测量技术》图 2-3-17(a)。

3. 绘制三维地面模型

在建立 DTM 的基础上,可以生成三维地面模型,用于观测其立体效果。点击“等高线\绘制三维模型”菜单,在命令区依提示输入高程系数<1.0>,如输入 5,再输入格网间隔(如 8.0),并选择需要拟合,确定后即可显示三维地面模型,参见《工程测量技术》图 2-2-26。利用“显示”菜单下的“三维静态显示”和“三维动态显示”可以对模型视点、视角、坐标轴等进行转换,以便显示更生动的三维动态效果。

五、实验答题

(1)简述应用 CASS 软件绘制数字地形图的方法、步骤和特点。

(2)应用 CASS 软件如何绘制平面图?

(3)应用 CASS 软件如何绘制等高线?

(4)应用 CASS 软件如何加注记和图框?

六、注意事项

(1)在操作过程中应不断存盘,以防操作不慎导致数据丢失。

(2)执行各项命令时应注意看下面命令区的提示,当出现"Command:"时,要求输入新的命令;当出现"Select objects"时,要求选择对象等。

(3)当一个命令未执行完时,最好不要执行另一个命令,若要强行终止,可按键盘左上角的"Esc"键,或按"Ctrl"的同时按"C"键,直到出现"Command:"提示。

(4)有些命令有多种执行途径,可灵活选用快捷工具按钮、下拉菜单或在命令区输入命令。

(5)CASS 软件也在不断升级,不同版本的 CASS 软件的主要功能和使用方法基本相同,但具体的指令、命令、界面或对话框等有所不同,使用时需加以注意。

实验十四　数字地形图测绘

一、技能目标

能用全站仪 + CASS 软件测绘数字地形图。

二、内容

每小组在实地 60 m × 40 m 范围内完成一小幅比例尺为 1∶500 的数字地形图测绘（视课时充裕与否，不一定满幅）。

三、安排

（1）时数：课内 4 学时，其中外业数据采集和内业电脑绘图各 2 学时；每组 4 ~ 5 人。

（2）仪器：全站仪 1 台（包括反射棱镜、棱镜杆）、2 m 小钢尺 1 只、测伞 1 把、记录板 1 块。

（3）场地：在道路一边设测量控制点 *A*、*B*，假设其三维坐标如表 S24 所示。

内业：在电脑实验室，每人一台装有网络版 CASS 软件的电脑。

表 S24　测量控制点三维坐标

点号	*X*(m)	*Y*(m)	*H*(m)	方位角 α	距离 *D*(m)
A	1 000.00	800.00	50.00	270°00′00″	30.00
B	1 000.00	770.00	50.00		

四、步骤

（一）外业数据采集

（1）以 *A* 为测站点，*B* 为后视点，在 *A* 点架设仪器，对点、整平、开机，对测距模式、测量次数、存储形式等参数进行设置、量取仪器高 *i*，将 *A*、*B* 点的三维坐标以坐标文件的形式存入全站仪。

（2）进入数据采集菜单，调用上述坐标文件设置测站点、后视点，输入测站点点名、仪器高，及后视点点名、棱镜高，照准后视点，予以确认。

（3）在测站四周的建筑物、道路、苗圃等，以及坡地或小山丘上选择地物、地貌特征点（即碎部点），按数据采集测定待测点的方法依次对各碎部点进行测量，将各点的观测数据和测定的三维坐标分别存入观测数据文件和坐标数据文件。与此同时，绘制作业草图（见图 S9）。草图上各碎部点的编号应与测量时输入仪器的各点编号相一致。

（二）内业成图

1. 数据传输与转换

（1）将全站仪通过通信电缆与电脑相连接。运行 CASS 软件，移动鼠标至菜单“数据通信”项的“读取全站仪数据”项，根据不同型号的仪器设置通信参数（包括通信口、波特率、奇偶性、数据位、停止位等，全站仪和软件设置的通信参数应当一致）。

（2）选择全站仪待传输的数据文件名与输入并转换后保存的 CASS 坐标文件的路径和文件名，点“转换”，即将输入的全站仪数据文件格式（＊. RAW 或＊. PTS 文件）转换为 CASS 坐标文件格式（＊. DAT 或＊. TXT 文件）。

2. 电脑绘图

调入碎部点坐标数据文件，在电脑上完成所测地形图的绘制，其步骤如下：

（1）定显示区。移动鼠标点击“绘图处理”子菜单，在其下拉菜单中选择“定显示区”，按左键在其对话框中输入测定的点坐标数据文件名并打开，在命令区显示坐标文件中的最小坐标值和最大坐标值。

（2）选择测点点号定位成图法。移动鼠标至屏幕右侧点击菜单区的“测点点号”项，在其对话框中输入上述坐标数据文件名并打开。

（3）展点。移动鼠标至屏幕的顶部菜单点击“绘图处理”，在其下拉菜单中点击“展野外测点点号”，再次输入上述坐标数据文件名并打开，在屏幕上展出野外测点的点号。

（4）绘平面图。参照实验十三“使用 CASS 软件绘制数字地形图”的方法，依据作业草图，点击有关地物符号绘制指令，依次绘出所测的道路、房屋、苗圃等地物。

（5）绘等高线。参照实验十三“使用 CASS 软件绘制数字地形图”的方法，对所测地貌绘制相应的等高线。

（6）加注记和图框，完成地形图绘制。

参见《工程测量技术》模块二项目二任务三。

五、实验答题

（1）数字测图外业工作包括哪些内容？

（2）应用全站仪进行野外测量数据采集的具体步骤如何？

（3）如何进行全站仪向计算机的数据传输？全站仪数据文件和 CASS 数据文件的格式有何不同？

(4)简述应用 CASS 软件绘制数字地形图的具体方法和步骤。

六、注意事项

注意事项与实验十三注意事项相同。

实验十四报告

实验名称:数字地形图测绘

日期____天气____专业____年级____班级____小组____观测________记录________

一、现场绘制工作草图

现场绘制工作草图于图 S9 中。

图 S9　工作草图

二、内业计算机成图

如果有条件,将在电脑上绘制的数字地形图打印出来,粘贴于后。

实验十五　在工程施工中应用数字地形图

一、技能目标

能在工程施工中应用数字地形图。

二、内容

(1)调用实验十三绘制的地形图件“C:\CASS2008\DEMO\STUDY(X).dwg”,在其上练习地形图基本要素查询和在工程施工中的应用。

(2)调用实验十三绘制的平面图件“C:\CASS2008\DEMO\YMSJ(X).dwg”,在其上练习地形图基本要素查询。

(3)调用实验十三绘制的等高线图件“C:\CASS2008\DEMO\DGX(X).dwg”,在其上练习在工程施工中的应用。

三、安排

(1)时数:课内2学时。

(2)地点:电脑实验室。每人一台装有网络版CASS软件的电脑。

四、步骤

开机,运行CASS软件,进入CASS主界面。

(一)地形图基本要素查询和在工程施工中的应用

调用实验十三绘制的地形图件“C:\CASS2008\DEMO\STUDY(X).dwg”并打开,按《工程测量技术》模块二项目三任务四介绍的方法和步骤,在图上进行基本要素查询和在工程中应用项目的练习(道路设计高程取495 m,路宽取20 m)。

(二)数字地形图基本要素查询再练习

调用实验十三绘制的平面图件“C:\CASS2008\DEMO\YMSJ(X).dwg”并打开,在其上再次进行数字地形图查询练习,查询内容包括:

(1)查询点的坐标;

(2)查询两点之间的距离和方位角;

(3)查询线长;

(4)查询实体面积;

(5)计算地表面积。

(三)数字地形图在工程上的应用再练习

调用实验十三绘制的等高线图件“C:\CASS2008\DEMO\DGX(X).dwg”并打开,在其上再次进行在工程上的应用练习,应用内容包括:

(1)绘制纵断面图;

(2)方格网法计算平整场地土方量;

(3)DTM 法计算平整场地土方量；

(4)区域平衡法计算土方量；

(5)断面法计算道路施工土方量(道路设计高程取 35 m，路宽取 20 m，其他参数设置与上述在地形图件“C：\CASS2008\DEMO\STUDY(X).dwg”上的练习相同)；

(6)等高线法计算土方量。

具体操作方法和步骤参见《工程测量技术》模块二项目三任务四。

五、实验答题

(1)如何应用数字地形图进行基本要素查询？

(2)如何应用数字地形图绘制纵断面图？

(3)如何在数字地形图上按方格网法计算场地平整土方量？

(4)如何在数字地形图上按 DTM 法计算场地平整土方量？

(5)如何在数字地形图上按区域平衡法计算场地平整土方量？

(6)如何在数字地形图上按断面法计算道路施工土方量?

(7)如何在数字地形图上按等高线法计算土方量?

六、注意事项

与实验十三注意事项相同。

实验十六　测设点的平面位置和高程

一、技能目标

能使用经纬仪、钢尺和普通水准仪进行点的平面位置和高程测设。

二、内容

每个小组依据两个假定的建筑基准线点 A(为测站)、B(为后视方向),采用极坐标法,用经纬仪完成一矩形建筑物四周角点 $P_1 \sim P_4$ 的测设(图 S10,所有点的已知坐标和高程列于实验十六报告表 S25)。先进行内业测设数据计算,再进行外业现场点位测设,并对测设结果进行检核。

三、安排

(1)时数:课内 2 学时(内业计算 0.5 学时,现场测设 1.5 学时),每小组 4 ~5 人。

(2)仪器:DJ_6 型经纬仪 1 台、DS_3 型水准仪 1 台、钢尺 1 把、水准尺 1 根、花杆和测钎各 1 根、锤子 1 把、木桩和小铁钉各 6 个、测伞 1 把、记录板 1 块。

(3)场地:长约 40 m,宽约 30 m。

四、步骤

(一)内业计算

计算以 A 为测站,以 B 为零方向和以 B 为测站、以 A 为零方向,按极坐标法测设 P_1、P_2 点的水平角 β_{ij} 和水平距离 D_{ij},列于实验十六报告表 S25。

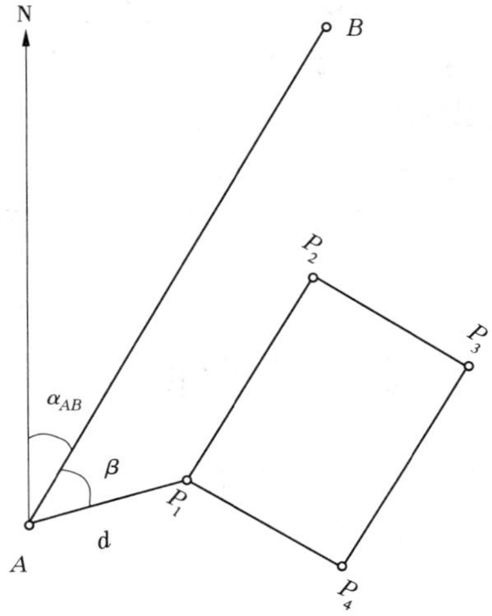

图 S10　矩形建筑物四周角点测设

(二)现场测设

场地上先用钢尺测设一条建筑基线(长 25 m),令其两端分别为 A、B 点。

1. 平面位置测设

(1)在 A 点安置经纬仪,照准零方向 B 点,配置水平度盘为 0°00′00″。

(2)转动照准部使水平度盘读数为 β_{AP_1},自 A 点沿视线方向用钢尺丈量 D_{AF_1},定 P_1 点。

(3)用同样方法定出 $P_2 \sim P_4$ 点。

2. 高程测设

(1)在 A 点和 B 点之间的适宜位置安置水准仪(也可将测站设于别处,只是考虑尽量使水准测量时的前视距离和后视距离大致相等),在 BM_K 点上立尺,读取后视读数 a,根据 BM_K 点的已知高程 H_{BM_K},计算视线高程 H_i。

(2)根据 $P_1 \sim P_4$ 点的设计高程,计算 $P_1 \sim P_4$ 点上标尺的应有读数 $b_1 \sim b_4$,计算数据填入表 S27。

(3)依次在测设的 $P_1 \sim P_4$ 点处立尺,使尺上读数等于 b_i,然后将尺之底边位置用红漆线在各交点木桩上标注出来,即为该两点的设计高程。

(4)检测:重新测定 $P_1 \sim P_4$ 木桩上标注的红漆线高程,检测其与已知设计高程之差,连同测设的 $P_1 \sim P_4$ 之间的距离较差一道记入表 S28。

参见《工程测量技术》模块二项目四任务二和模块二项目四任务三。

3. 点位检测之一(经纬仪加钢尺)

(1)用钢尺对所测设相邻点位之间的水平距离进行实测检核,与表 S25 中的相应水平距离比较,其相对误差应$\leqslant \dfrac{1}{4\ 000}$。

(2)用经纬仪对所测设矩形建筑物的四个内角进行实测检核,与 90°相比较,其误差应$\leqslant \pm 40''$。具体方法参见《工程测量技术》模块二项目四任务三。

五、注意事项

(1)在运用坐标反算公式用计算器计算两点之间的方位角时,应注意根据分子 Δy 和

分母 Δx 的符号,判别待定方向所在的象限,从而由象限角正确地换算出方位角。

(2)运用极坐标法测设点的平面位置时,测设的水平角均为左角。

(3)在用计算器进行角度或三角函数计算时,应注意角度单位的选择和角度 60 进制与 10 进制的转换,参见《工程测量技术》附录四。

(4)测设数据计算的正确性对点位和高程的测设至关重要,应反复计算检核,方能用于现场测设。

实验十六报告

实验名称:经纬仪测设点的平面位置和高程

日期____天气____专业____年级____班级____小组____观测______记录______

一、实验记录

(一)极坐标测设数据计算

假设两个建筑基线点的已知坐标和四个角点坐标(为同一坐标系)列于表 S25。

表 S25　矩形建筑物角点测设已知数据和角点坐标表

点号	x(m)	y(m)	边号	平距(m)
A	1 200.000	1 800.000		
B	1 221.651	1 812.500	$A \sim B$	25.000
P_1	1 202.928	1 810.928	$P_1 \sim P_2$	18.000
P_2	1 218.516	1 819.928	$P_2 \sim P_3$	12.000
P_3	1 212.516	1 830.320	$P_3 \sim P_4$	18.000
P_4	1 196.928	1 821.320	$P_4 \sim P_1$	12.000

以 A 点为测站点,B 点为后视方向,计算按极坐标法测设四个角点的水平角和水平距离,并将计算结果填入表 S26。

计算式:

$$\alpha_{i \sim j} = \arctan \frac{Y_j - Y_i}{X_j - X_i} \tag{6}$$

$$\beta_{A \sim j_1} = \alpha_{A \sim j} - \alpha_{A \sim B} \tag{7}$$

$$D_{A \sim j} = \sqrt{(X_j - X_A)^2 + (Y_j - Y_A)^2} \tag{8}$$

表 S26　建筑物四个角点的水平角和水平距离

点号	方向号	方位角	水平角	平距(m)
A	$i \sim j$			
B	$A \sim B$			
P_1	$A \sim P_1$			
P_2	$A \sim P_2$			
P_3	$A \sim P_3$			
P_4	$A \sim P_4$			

(二)高程测量与测设数据计算

表 S27　高程测量记录与测设数据计算　水准点 K 高程 H_{BM_K}______

点号	后视标尺读数(m)	视线高程(m)	设计高程(m)	前视标尺应有读数(m) $b_{应}$ = 视线高程 − 设计高程
K				
P_1				
P_2				
P_3				
P_4				

(三)点位和高程测设的检测

表 S28　点位和高程测设检测记录

水准点高程 H_{BM_K} =______　水准点标尺读数 =______　视线高程 =______

边号	$P_1 \sim P_2$ 间距(m)			H(m)			
	实测(m)	设计(m)	较差(mm)	标尺读数(m)	实测高程(m)	设计高程(m)	较差(mm)
$P_1 \sim P_2$							
$P_2 \sim P_3$							
$P_3 \sim P_4$							
$P_4 \sim P_1$							

二、实验答题

(1)测设点的平面位置和高程都必须遵循测量工作______________________的基本原则。

(2)点位测设的直角交会法一般适用于____________________，角度交会法一般适用于____________________，极坐标法一般适用于____________________。

(3)测设点位时要求测站至后视控制点的距离尽量长，其目的是____。

(4)测设点的高程，如果视线高程至桩顶的高度与前视应有读数相差较大时应____。

(5)安置一次水准仪，同时测设多个点的高程，不同点的前视距离和后视距离难免相差较大，应在测设前仔细进行____________________。

实验十七　全站仪放样测量

一、技能目标

能用全站仪测设点的三维坐标。

二、内容

(1)以控制点 A 为测站、控制点 B 为零方向，用全站仪按坐标法测设与实验十六同样的矩形建筑物四周角点 $P_1 \sim P_4$ 点的平面位置和高程(见图 S10)。

(2)控制点的已知坐标、待测 $P_1 \sim P_4$ 点的设计坐标及有关测设数据同实验十六。

三、安排

(1)时数：课内 2 学时。

(2)仪器：全站仪 1 台(包括反射棱镜、棱镜架)、2 m 小钢尺 1 只、测伞 1 把、记录板 1 块。

(3)场地：同实验十六。

四、步骤

(一)安置全站仪及棱镜架(或棱镜杆)

在测站 A 上安置全站仪，对中、整平方法与实验十一同，量仪器高 i。

(二)仪器操作

(1)开机，进入坐标放样模式。

(2)由键盘输入测站点的三维坐标(x_A、y_B、H_A)、仪器高。

(3)由键盘输入后视点坐标(x_B、y_B)，转动望远镜照准 B，回车。

(4)由键盘输入 P_1 点的三维坐标(x、y、H)和棱镜高，根据显示屏显示的角差 $\mathrm{d}HR$ = 实测角度 − 所需角度，转动望远镜直至显示的 $\mathrm{d}HR$ 为 0，即得所测设点的方向；在视线方向竖立棱镜，照准棱镜中心，测量距离，根据显示屏显示的距离差 $\mathrm{d}HD$ = 实测距离 − 所需距离 D，前后移动棱镜杆再测量直至显示的距离差为 0，即得所测设 P_1 的位置；根据显示屏显示的高差差值 $\mathrm{d}Z$ = 实测高差 − 所需高差 h，上下改变棱镜的高度直至显示的 dZ 为

0,即得所测设点的高程(或记录 dZ 值,“+”值表示该点需下挖深度,“-”值表示该点需上填高度)。

(5)重复上述步骤,逐一测设 $P_2 \sim P_4$ 点位。

(6)分别量取所测设的四个点位之间的边长和应有的边长进行比较,得各边较差用于检核;同时将测设的四点高程与实验十六按水准测量测设的该二点高程进行比较,得高程差 ΔH,填入表 S29。

参见《测量技术基础》模块二项目四任务三及本书附录二。

五、注意事项

同实验十一和实验十二。

实验十七报告

实验名称:全站仪放样测量

日期________天气________专业________年级____班级____小组____姓名________

一、实验记录

(一)点位测设数据

已知数据见实验十六表 S25,测设数据见实验十六表 S26。

(二)点位检测记录

(1)用全站仪对所测设相邻点位之间的水平距离进行实测检核,与表 S25 中的相应水平距离比较,其相对误差应 $\leqslant \frac{1}{4\ 000}$;

(2)用全站仪对所测设矩形建筑物的四个内角进行实测检核,与 90°相比较,其误差应 $\leqslant \pm 40''$;

(3)重新测定 $P_1 \sim P_4$ 木桩上标注的红漆线高程,检测其与已知设计高程之差,连同测设的 $P_1 \sim P_4$ 间的距离较差,记入表 S29。

表 S29　点位和高程测设检测记录

边号	$P_1 \sim P_2$ 之间距			H(m)		
	实测(m)	设计(m)	较差(mm)	实测高程(m)	设计高程(m)	较差(mm)
$P_1 \sim P_2$						
$P_2 \sim P_3$						
$P_3 \sim P_4$						
$P_4 \sim P_1$						

二、实验答题

(1)通过坐标放样法测设点位,在测设其平面坐标时依据的是________法,而在测设其高程时依据的是____________法。

(2)两种坐标放样方法比较而言,通过测设角度和距离放样点位的优、缺点是____,通过直接测设坐标放样点位的优、缺点是____。

第二部分　测量习题课指导

习题课一　水准测量内业计算

一、技能目标

能进行单一路线水准测量的内业计算。

二、题目

一附合水准路线计包含四个测段，水准点 BM_A 和 BM_B 的已知高程分别为 $H_A=136.742$ m、$H_B=137.329$ m，各测段距离长和测段高差观测值如图 S11 所示，试在表 S30 内进行高差闭合差的调整和所有未知点高程的计算。

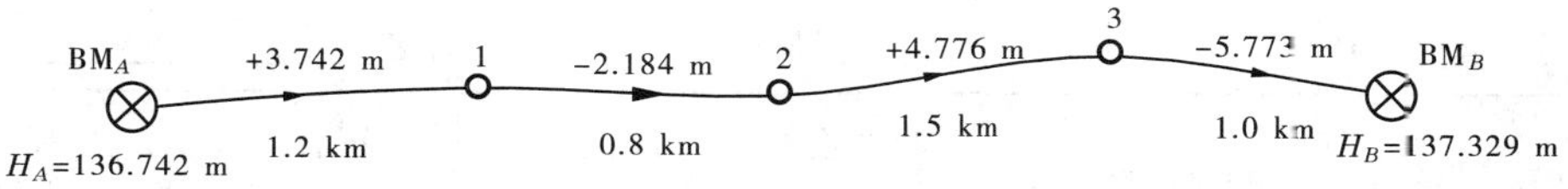

图 S11　附合水准路线已知数据和观测数据

三、安排

课内 1 学时。

四、内容

(1)将已知数据和各测段观测数据填入表 S30。

(2)按下式计算该附合路线的高差闭合差及其容许值，并填入辅助计算栏

$$f_h = \sum h_{测} - (H_{终} - H_{始}) \tag{9}$$

$$f_{h容} = \pm 40\sqrt{L}\ \text{mm} \tag{10}$$

(3)高差闭合差调整。若高差闭合差绝对值小于其容许值，即将高差闭合差反号按与各测段距离 L_i 成正比计算各测段高差改正数(i 为各测段序号)，填入第(4)栏

$$\Delta h_i = -\frac{f_h}{\sum L_i} \cdot L_i \tag{11}$$

(4)计算各未知点高程。将各测段观测高差与高差改正数相加即得该测段改正后高差，再由 H_A 起始，逐一计算各未知点高程，填入第(6)栏。

五、注意事项

(1)本题已知各测段的距离长，说明水准测量在平坦地区进行，将距离填入第(2)栏，若在丘陵地区进行，则应将各测段的测站数 n_i 填入表内第(2)栏，高差闭合差容许值的计算公式亦应改为

$$f_{h容} = \pm 12\sqrt{n}\ \text{mm} \tag{12}$$

(2)第(4)栏最后一行算得的高差改正数之和应与高差闭合差绝对值相等，符号相反，可用于对各测段高差改正数的复核计算；如果由于高差闭合差调整计算中的凑整误差使改正数之和与闭合差的绝对值不完全相等而出现小的差数，可将其差数凑到某测段的改正后高差中，从而使改正数之和与闭合差绝对值完全相等。

(3)第(6)栏最后一行应计算出终端水准点的高程，且与其已知高程值相比较，二者亦应完全相等。

(4)闭合水准路线的计算方法和步骤与附合水准路线相同，但其高差闭合差的计算有所不同，参见《工程测量技术》模块一项目一任务二。

(5)本题未知点高程正确答案为：$H_1 = 140.491$ m，$H_2 = 138.311$ m，$H_3 = 143.096$ m。

表 S30　高差闭合差调整及未知点高程计算表

专业________年级________班级________学号________________姓名________________

点号	距离(km)/测站数	实测高差(m)	改正数(m)	改正后高差(m)	高程(m)
(1)	(2)	(3)	(4)	(5)	(6)
BM_A					
1					
2					
3					
BM_B					
Σ					
辅助计算	$f_h =$ $f_{h容} =$　　(mm)				

习题课二　导线测量内业计算

一、技能目标

能进行导线测量的内业计算。

二、题目

已知闭合导线 1 点坐标 $x_1 = 500.00\ \text{m}$，$y_1 = 500.00\ \text{m}$，方位角 $\alpha_{12} = 125°30'00''$，观测数据如表 S31 中附图所示，试填表计算所有未知导线点坐标。

三、安排

课内 2 学时。

四、内容

(1)将已知数据和观测数据填入表 S31(本次计算已填入)。

(2)按下式计算该闭合导线的角度闭合差及其容许值，填入辅助计算栏

$$f_\beta = \sum_{i=1}^{n} \beta_i - (n-2) \times 180° \tag{13}$$

$$f_{\beta允} = \pm 60'' \sqrt{n} \tag{14}$$

(3)角度闭合差调整。若角度闭合差小于其容许值，计算各角改工数

$$v_\beta = -\frac{f_\beta}{n} \tag{15}$$

即将角度闭合差反号平均分配，填入各观测角右上方，由此算得改正后观测角，填入第(3)栏。

(4)计算各未知边方位角，填入第(4)栏，其公式为

$$\alpha_{前} = \alpha_{后} + \beta_{左} \pm 180° \tag{16}$$

(5)计算各边纵、横坐标增量，填入第(6)、(7)栏，其公式为

$$\left.\begin{aligned} \Delta x' &= D\cos\alpha \\ \Delta y' &= D\sin\alpha \end{aligned}\right\} \tag{17}$$

(6)计算该闭合导线的坐标增量闭合差、全长闭合差和全长相对闭合差，填入辅助计算栏，其公式为

$$\left.\begin{aligned} f_x &= \sum_{i=1}^{n} \Delta x'_i \\ f_y &= \sum_{i=1}^{n} \Delta y'_i \end{aligned}\right\} \tag{18}$$

$$f = \pm\sqrt{f_x^2 + f_y^2} \tag{19}$$

$$K = \frac{|f|}{\sum D} = \frac{1}{\sum D/|f|} \tag{20}$$

(7)坐标增量闭合差的调整。若全长相对闭合差小于其容许值,则将坐标增量闭合差反号,按与各边边长成正比的原则分配,即按式(21)计算各边坐标增量改正数,填入第(6)、(7)栏纵、横坐标增量的右上方,由此计算各边改正后坐标增量填入第(8)、(9)栏

$$\left.\begin{aligned} v_{xi} &= -\frac{f_x}{\sum D} \cdot D_i \\ v_{yi} &= -\frac{f_y}{\sum D} \cdot D_i \end{aligned}\right\} \tag{21}$$

(8)计算各未知点坐标,填入第(10)、(11)栏。

五、注意事项

(1)点号自1、2点开始,按逆时针顺序填入第(1)栏,以使观测角既是内角,又是左角。

(2)由于根据已知方位角 α_{12},从 α_{23} 开始,依次计算各待定边方位角,首先用到的观测角是 β_2,因此观测角由2号点开始往下填。而将 β_1 填入第(2)栏最后一行,可用于对1 2边方位角的复核计算。

(3)方位角计算公式中,若 $\alpha_{后}+\beta_{左}>180°$, $\pm180°$前应取“ - ”号,反之应取“ + ”号。此外,如果闭合导线的点号和在表内的计算顺序按顺时针排列,闭合环线内的观测角均成为右角,式(16)需以下式代替(参见《工程测量技术》模块二项目一任务二)。

$$\alpha_{前} = \alpha_{后} - \beta_{右} \pm 180°$$

(4)坐标增量的计算中,$\Delta x_i'$、$\Delta y_i'$前面的符号取决于 $\cos\alpha$ 和 $\sin\alpha$ 的符号,因此首先应根据该边方位角 α 所在的象限,确定 $\cos\alpha$ 和 $\sin\alpha$ 的正、负号。

(5)全长相对闭合差不应表示为小数或一般的分数,而应将其计算结果化为分子为1、分母为整数(一般凑整至百位)的分数。

(6)在角度闭合差和坐标增量闭合差的调整中,由于计算凑整误差使改正数之和与闭合差的绝对值不完全相等时,可将其差数凑到某个角的观测值或某条边的坐标增量中,从而使各项改正数之和与相应的闭合差绝对值完全相等。

(7)除上述方位角的计算中,应在第(4)栏最后一行对 α_{12}进行复核外,在待定点的坐标计算中,还应在第(10)、(11)栏最后一行对起始点的 x、y 进行复核,以验证计算的正确性。

(8)在用计算器进行角度和三角函数的有关计算时,应注意角度单位的选择(必须是DEG,即度分秒制)、角度60进制与10进制的转换(按60进制输入,转换为10进制运算,角度的运算结果再转换为60进制)。

(9)如果需要根据两个已知点坐标进行反算获得起始方位角,计算器上显示的运算结果一般是象限角,应根据两点之间坐标增量 Δx、Δy 的“ + ”“ - ”号判别所在象限,从而将象限角化为方位角。

（10）附合导线计算的方法和步骤与闭合导线相同，但其角度闭合差和坐标增量闭合差的计算有所不同，参见《工程测量技术》模块二项目一任务二。

（11）本题答案：x_1 = 438.88 m，y_1 = 585.68 m；x_2 = 486.76 m，y_2 = 650.00 m；x_3 = 563.34 m，y_3 = 545.81 m。

表 S31　导线闭合差调整及坐标计算表

专业________年级________班级________学号________________姓名________________

点号	观测角 β （° ′ ″）	改正后角值 β （° ′ ″）	方位角 α （° ′ ″）	距离 D （m）	纵坐标增量 Δx′ （m）	横坐标增量 Δy′ （m）	改正后 Δx （m）	改正后 Δy （m）	纵坐标 x （m）	横坐标 y （m）
（1）	（2）	（3）	（4）	（5）	（6）	（7）	（8）	（9）	（10）	（11）
1									**500.00**	**500.00**
			125 30 00	105.22						
2	107 48 30									
				80.18						
3	73 00 20									
				129.34						
4	89 33 50									
				78.16						
1	89 36 30								**500.00**	**500.00**
			125 30 00							
2										
总和										

辅助计算：

$\sum\beta_{测}$ =

$\sum\beta_{理} = (n-2)\times180° =$

f_β =

$f_{\beta允} = \pm60''\sqrt{n} =$

f_x =　　　　，f_y =

$f = \pm\sqrt{f_x^2 + f_y^2} =$

K =

$K_{允} = \dfrac{1}{2\ 000}$

附 图

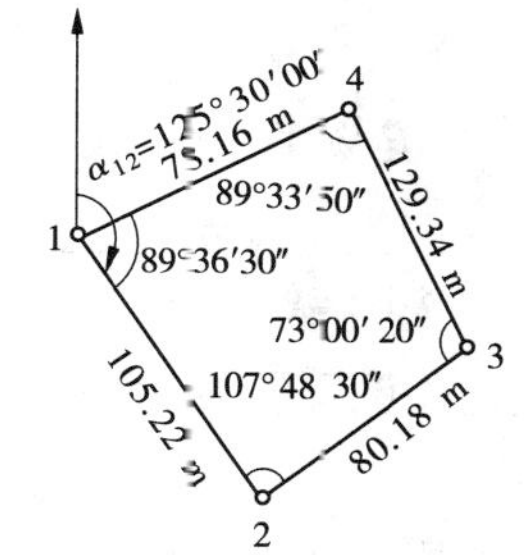

习题课三　纸质地形图应用

一、技能目标

能在工程施工中应用地形图。

二、题目

在局部地形图（见图 S12）中完成有关地形图基本应用和施工应用的练习。

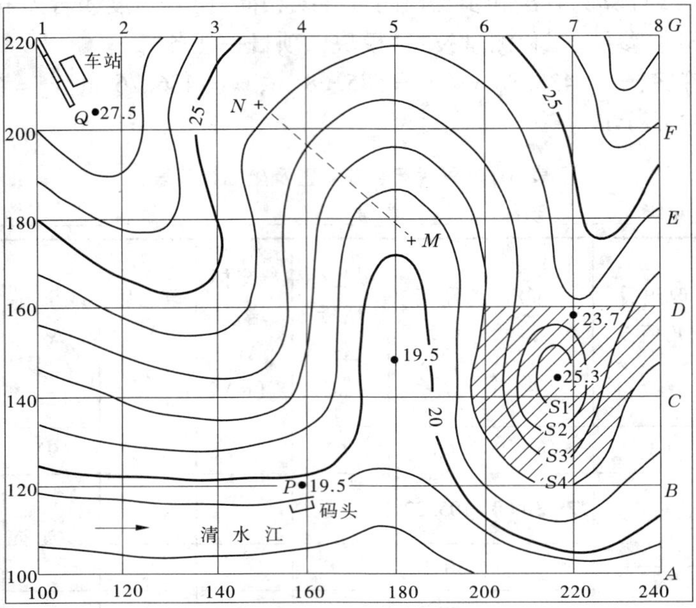

比例尺1∶1 000

图 S12　局部地形图

三、时数

课内 2 学时。

四、内容

(1) 按图解法，在图上直接量取 M、N 两点的坐标分别为 x_M = ________、y_M = ________，x_N = ________、y_N = ________。

(2) 按图解法，在图上直接量取 M、N 之间的方位角 α_{MN} = ________，水平距离 D_{MN} = ________（该图实际比例尺约为 1∶1 700，应根据实际比例尺分母，将图上距离化为实地距离）。

(3) 按解析法，将 M、N 的坐标代入以下公式，计算两点之间的水平距离和方位角（对图解法的结果进行检核）

$$\alpha_{MN} = \arctan \frac{y_N - y_M}{x_N - x_M} =$$

$$D_{MN} = \sqrt{(x_N - x_M)^2 + (y_N - y_M)^2} =$$

(4) 按内插法，图上按比例内插得 M、N 两点的高程分别为 H_M = ________，H_N = ________，计算得 MN 的地面坡度 $i = (H_N - H_M)/D_{MN}$ = ________%。

(5) 试从图上 P 点出发，选定一条设计坡度 $i = +8\%$ 至火车站 Q 的最佳路线。

首先计算满足该坡度要求的路线通过图上相邻等高线的最短平距

$$d = \frac{h}{i \cdot M} =$$

式中:h 为等高距;i 为设计坡度;M 为该图实际比例尺分母(约为 1 700)。

然后按《工程测量技术》模块二项目三任务三介绍的方法,选择最佳路线。

(6)绘制 $D_1(x=160,y=100)$—$D_8(x=160,y=240)$方向的纵断面图见图 S13。

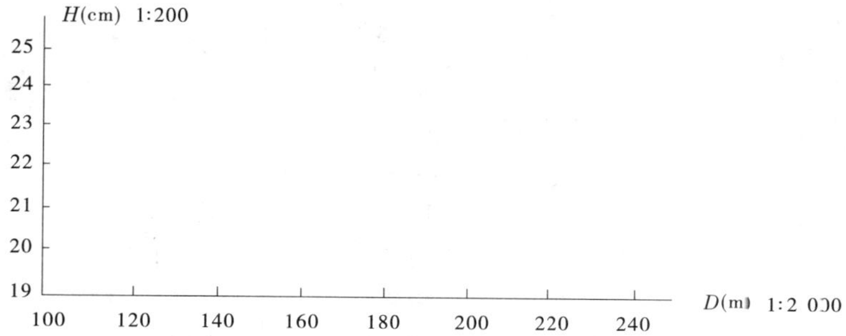

图 S13 D_1—D_8 方向纵断面图

①在地形图上依次量取 D_1—D_8 横向格网线与所穿过等高线交点之间的水平距离,在图 S13 的横向坐标轴上,根据点间距按实际比例尺 1∶1 700,再按横向比例尺 1∶2 000 缩小,在横轴上逐一展出各交点位置。

②自横轴上各点起始,根据各交点所在等高线的高程,沿竖向逐一展出各交点高程所在的位置。

③以光滑曲线连接各交点高程所在点位,即得该 D_1—D_8 方向的纵断面图。

(7)按等高线法计算直线 D_6D_8 与高程为 22 m 等高线所包围的地区(图 S12 中阴影部分,即 22 m 等高线至山丘顶部)的总体积 $V(m^3)$,计算结果填入表 S32。

表 S32 等高线法体积计算表

等高线高程 H	方格数 n	图上面积 (m^2)	实地面积 (m^2)	高差 h(m)	体积 (m^3)
合计					

具体解算步骤如下:

①将图上阴影部分放大,并在其上蒙绘小型方格网(10 行×10 列,计 100 个方格,每个方格长、宽的实地长度均为 5 m,即每个方格的实地面积为 5 m×5 m = 25 m^2),如图 S14 所示。

②按"透明格网法"在图 S14 上逐一求出各条等高线与直线 D_6D_8 所围阴影部分的方格数(完整方格数+边界线上非完整方格凑成完整的方格数)n_{H_i}。

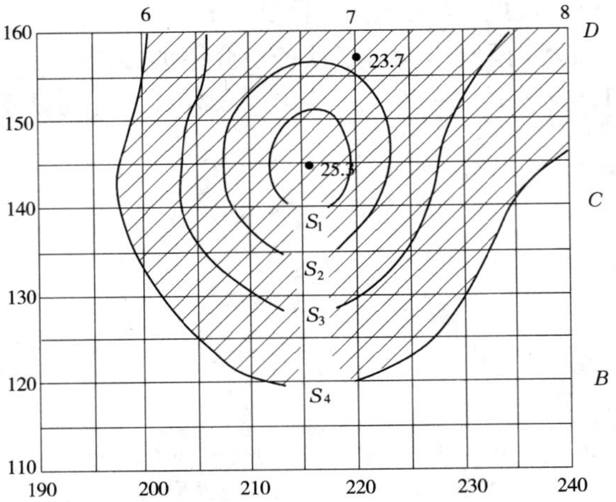

图 S14　透明格网法量算等高线所围面积

③计算各条等高线与直线 D_6D_8 所围阴影部分的实地面积

$$A_{实H_i} = A_{G实} \times n_{H_i} \quad (m^2) \tag{22}$$

式中:$A_{G实}$是根据图上坐标格网的注记直接得到的每个方格对应的实地面积,由图 S14 可见,本例 $A_{G实}$ =5 m×5 m=25 m^2。

④按下式计算各相邻等高线之间的体积

$$V_i = \frac{A_{实H_i} + A_{实H_{i+1}}}{2} \times h \tag{23}$$

式中:h 为等高距,本例为 1 m。

山丘顶部至 25 m 等高线之间的体积为

$$V' = \frac{A_{实25}}{3} \times h' \tag{24}$$

式中:$A_{实25}$为 25 m 等高线所围的实地面积,h' = 坡顶高程(25.3) − 25.0 = 0.3(m),因近似锥形,所以其分母为 3。

⑤累加即得阴影部分总体积 V。

有关计算在表 S31 内完成,参见《工程测量技术》模块二项目三任务二和模块二项目三任务三。

本题答案:阴影部分总体积 $V \approx 1\ 670$ m^3。

习题课四　方格网法进行施工场地平整设计和土方量计算

一、技能目标

能在地形图上应用方格网法进行施工场地平整设计和土方量计算。

二、题目

在表 S33 内局部地形图上完成方格网所包围施工场地的平整设计和土方量计算练习。

三、时数

课内 2 学时。

四、内容

在表 S33 中首先依据等高线内插各方格角点的高程，再按挖方和填方基本相等的原则，应用方格法（每方格的实地长、宽均为 10 m）进行场地平整设计（计算零点高程和各方格角点的挖深或填高），并计算各方格的挖方和填方及总的挖方量和填方量。其步骤如下所述。

（一）确定图上网格交点的高程

在图上方格网（4 行 ×4 列计 16 个方格）所围成的场地内，据等高线内插逐一确定每个方格角点的地面高程，注于各方格交点的右上方。

（二）计算零点高程，图上插绘零线

令外围的角点权值为 0.25，四周边线上的边点权值为 0.50，边线拐角的拐点权值为 0.75（本题无拐点），中间部分的中点权值为 1.00，用所有角点高程的加权平均值计算零点高程

$$零点高程\ H_0 = \frac{\sum (P_i \times H_i)}{\sum P_i} \tag{25}$$

式中：H_i 为各角点的地面高程；P_i 为其相应的权值。

随后，在地形图上插绘出高程与零点相同的等高线（零线），即挖、填土方的分界线。

（三）计算网格交点的挖深和填高

将每个方格四个角点的原有高程减去零点高程，即得该角点的挖深（差值为正）或填高（差值为负），注于图上相应角点的右下方，单位为 m。

（四）计算土方量

将每个方格左上、右上、左下、右下四个角点的挖深或填高，依方格编号填入表 S32 相应栏中，再计算各方格的平均挖深、下挖的实地面积与平均填高、上填的实地面积，则各方格的挖方 = 下挖面积 × 平均挖深，填方 = 上填面积 × 平均填高，即得该方格的挖方量或填方量。分别取所有方格的挖方量之和、填方量之和，为全场的总挖方与总填方，汇总即得场地平整的总土方量，所有计算在表 S33 内完成。

五、注意事项

（1）表 S33 计算部分的（1）~（4）栏分别填每个方格四个角点的挖深或填高，而并非角点的地面高程。

（2）计算每个方格的平均挖深、下挖面积或平均填高、上填面积时有三种情况：

第一种，无零线通过的全挖方格，平均挖深就等于四个角点挖深的平均值，下挖面积就等于方格的实地面积；

第二种，无零线通过的全填方格，平均填高就等于四个角点填高的平均值，上填面积

亦等于方格的实地面积；

第三种，有零线通过的方格，应将该方格分成下挖和上填两部分，分别计算其平均挖深、下挖面积和平均填高、上填面积，而在计算平均挖深和平均填高时应将零线与方格边线的交点视为两个“零点”（即其挖深和填高均为 0 的点）加以考虑。

（3）每个方格内下挖和上填两部分的面积，若精度要求较高，则应对两部分分别进行面积量算，若精度要求较低，则可直接在图上估计两部分各占方格面积之比，再根据方格的实地面积按二者之比分别得出下挖和上填的实地面积。

（4）第一种方格仅计算挖方（（5）~（7）栏），第二种方格仅计算填方（（8）~（10）栏），第三种方格既有挖方也有填方，应分别计算（（5）~（10）栏）。

本题答案：总挖方 + 总填方≈1 220 m^3。

表 S33　方格网法场地平整设计与土方计算表

零点高程计算	图上零线内插
设权值 P_i： 角点　0.25 边点　0.50 拐点　0.75 中点　1.00 零点高程 H_0 = $\frac{\sum(P_iH_i)}{\sum P_i}$ = 说明：图上每方格实地长、宽均为 10 m。每方格实地面积为 100 m^2	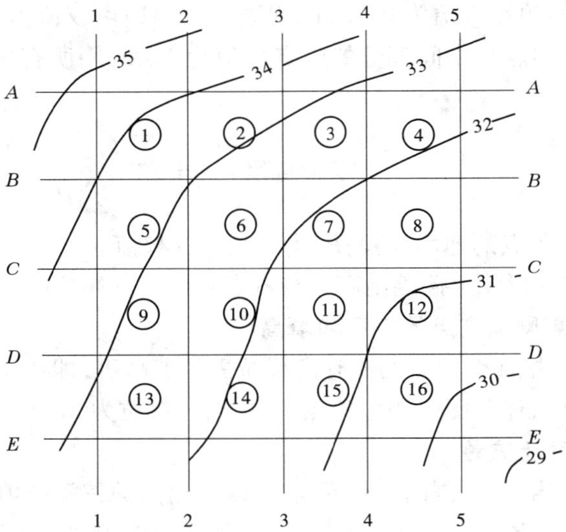

方格号	各点挖深（+）或填高（-）（m）				挖方（m^3）			填方（m^3）			总方量（m^3）
	左上	右上	左下	右下	均深	面积	方量	均高	面积	方量	
	（1）	（2）	（3）	（4）	（5）	（6）	（7）	（8）	（9）	（10）	（11）
①											
②											
③											
④											
⑤											

续表 S33

方格号	各点挖深(+)或填高(-)(m)				挖方(m^3)			填方(m^3)			总方量(m^3)
	左上	右上	左下	右下	均深	面积	方量	均高	面积	方量	
	(1)	(2)	(3)	(4)	(5)	(6)	(7)	(8)	(9)	(10)	(11)
⑥											
⑦											
⑧											
⑨											
⑩											
⑪											
⑫											
⑬											
⑭											
⑮											
⑯											
合计	—	—	—	—	—	—		—	—		

习题课五　带有缓和曲线的圆曲线放样之细部点坐标计算

一、技能目标

能应用全站仪坐标法进行带有缓和曲线的圆曲线细部点坐标的计算和测设。

二、题目

已知线路直缓点 ZH 至交点 JD 的方位角，$\alpha_{始}=243°27'18''$，交点坐标 $X_{JD}=2\ 088.273$ m、$Y_{JD}=1\ 535.011$ m；交点里程桩为 K3+617.86，线路转角（左角）$\alpha=8°46'39''$，设计圆曲线半径 $R=1\ 500$ m，缓和曲线长 $l_0=100$ m（参见《工程测量技术》模块三项目二任务三图 3-2-17），曲线主点和部分细部点桩号已列于表 S34 内，在附近导线点上用全站仪坐标法同时测设曲线的主点和细部点，试计算所有主点和细部点的测量坐标（曲线的前半段以直缓点 ZH 为测站测设，后半段以缓直点 HZ 为测站测设）。

三、时数

课内 2 学时。

四、内容

（一）缓和曲线常数计算

$$\left.\begin{aligned} m &= \frac{l_0}{2} - \frac{l_0^3}{240R^2} = \\ p &= \frac{l_0^2}{24R} = \\ \beta_0 &= \frac{l_0}{2R} \cdot \rho = \end{aligned}\right\} \tag{26}$$

（二）带有缓和曲线的圆曲线要素计算

$$\left.\begin{aligned} T' &= m + (R + p)\tan\frac{\alpha}{2} = \\ L' &= \frac{\pi R(\alpha - 2\beta_0)}{180^\circ} + 2l_0 = \\ E' &= (R + p)\sec\frac{\alpha}{2} - R = \\ q' &= 2T' - L' = \\ L &= \pi R(\alpha - 2\beta_0)/180^\circ = \end{aligned}\right\} \tag{27}$$

（三）缓和曲线和圆曲线上点的切线坐标计算

以曲线中点 QZ 为界，将整个曲线分成前后两半段，在曲线两端建立两个切线坐标系，按下式分别计算前、后半段曲线上的主点和细部点在各自切线坐标系中的坐标 x_i、y_i。

（1）缓和曲线段点的切线坐标（参见《工程测量技术》模块三项目二任务三图 3-2-18）为

$$\left.\begin{aligned} x_i &= l_i - \frac{l_i^5}{40R^2 l_0^2} = \\ y_i &= \frac{l_i^3}{6Rl_0} = \end{aligned}\right\} \tag{28}$$

将 $l_i = l_0$ 代入式（28），即可得缓和曲线终点（缓圆点 HY）的切线坐标为

$$\left.\begin{aligned} x_0 &= l_0 - \frac{l_0^3}{40R^2} = \\ y_0 &= \frac{l_0^2}{6R} = \end{aligned}\right\} \tag{29}$$

（2）圆曲线段点的切线坐标为

$$\left.\begin{aligned} x_i &= R\sin\alpha_i + m = \\ y_i &= R(1 - \cos\alpha_i) + p = \end{aligned}\right\} \tag{30}$$

式中：$\alpha_i = \dfrac{180°}{\pi R}(l_i - l_0) + \beta_0$，$m$、$p$、$\beta_0$ 为按式(26)计算的缓和曲线常数。

(3)依据《工程测量技术》模块三项目二任务三介绍的规则确定 x_i、y_i 的符号，计算结果列入表 S34。

表 S34　带有缓和曲线的圆曲线上点的坐标计算表

专业________年级________班级________学号________姓名________

点号	弧长(m)	里程(m)	切线 x_i(m)	切线 y_i(m)	测量 X_i(m)	测量 Y_i(m)	主点号
1	0	K3 +452.72					ZH
2	47.28	K3 +500.00					
3	77.28	K3 +530.00					
4	100.00	K3 +552.72					HY
5	127.28	K3 +580.00					
6	147.28	K3 +600.00					
7	164.90	K3 +617.62					QZ
8	197.28	K3 +650.00					
9	229.80	K3 +682.52					YH
10	247.28	K3 +700.00					
11	287.28	K3 +740.00					
12	329.80	K3 +782.52					HZ

(四)曲线上点的切线坐标转换为测量坐标的计算

根据曲线起点 ZH 和交点 JD 的测量坐标、线路的右转角 $\alpha_{右}$ 及曲线的切线长 L'，推算得曲线终点 HZ 的测量坐标和曲线起点与终点的切线在测量坐标系中的方位角分别为：

终点 HZ　　　$X_{HZ} =$　　　$Y_{HZ} =$

起点 ~ JD　　　$\alpha_{起} =$

终点 ~ JD　　　$\alpha_{终} =$

依据式(31)可得

$$\begin{aligned} x_P &= x_{O'} + A_P\cos\alpha - B_P\sin\alpha \\ y_P &= y_{O'} + A_P\sin\alpha + B_P\cos\alpha \end{aligned} \tag{31}$$

分别将前后半段曲线上点的切线坐标转换为同一测量系中的坐标 X_i、Y_i，在进行前半段曲线换算时，式(31)中的 $x_{O'} = X_{ZH}$、$y_{O'} = Y_{ZH}$、$\alpha = \alpha_{起}$；在进行后半段曲线换算时，式(31)中的 $x_{O'} = X_{ZH}$、$y_{O'} = Y_{ZH}$、$\alpha = \alpha_{终}$，计算结果亦列入表 S34。

参见《工程测量技术》模块三项目二任务三，本题的答案见《工程测量技术》附录二，模块三项目二练习题 3 答案。

第三部分　测量实训指导

一、实训性质、任务和基本要求

测量实训是工程测量技术课程的实践教学环节和重要组成部分，其主要任务是使学生加深对课堂所学测量基本理论的理解，系统地掌握常见测量仪器的使用和基本测量、控制测量、地形测量和施工测量的技能，进一步培养学生的实践操作能力和在测量工作中分析问题、解决问题的能力。

学生通过本实训应做到：加深对测量基本理论的理解，进一步掌握或了解一般测量仪器和电子测量仪器的使用、三种基本测量工作的外业观测和内业计算能力、小区域从控制测量到碎部测量的全过程，以及地形图测绘、工程施工测量及变形监测的作业技能和计算方法，与此同时，在实践中培养高度的责任感、认真的作业态度、不怕艰苦的工作作风和良好的团队精神。

二、实训主要内容

实训主要包括三种基本测量工作作业技能的训练，小区域平面和高程控制测量建立的全过程，小地块地形图的测绘，建筑、道路、隧道等工程施工测量和变形监测一般技能的掌握等，具体内容如下：

(1) DS_3 型水准仪的组成和使用；

(2) DJ_6 型光学经纬仪的组成和使用；

(3)全站仪的组成和使用；

(4)闭合水准测量外业观测和内业计算；

(5)闭合导线测量外业观测和内业计算；

(6)小地块地形图测绘（经纬仪测图或全站仪 + CASS 软件数字测图）；

(7)一般建筑及特殊形状建筑施工点位测设与检核；

(8)施工场地平整测量和道路坡度测设；

(9)高层建筑施工轴线投测和高程传递；

(10)高层建筑物倾斜观测；

(11)道路中心线圆曲线测设；

(12)模拟隧道贯通段的贯通方向、距离和坡度测设。

三、时间、场地和人员组织

实训 2 学分，两周（10 个工作日），计 36 学时。

场地：测量实训场。

人员组织:每小班分若干小组,每小组 5 ~6 人,设正、副组长各 1 人。

四、作业时间分配

各项目作业内容和时间分配见表 S35。

表 S35　各项目作业内容和时间分配

序号	作业项目	作业内容	工作日
1	布置任务、选点、领仪器	现场踏勘选点	0.5
2	检验仪器	检验水准仪和经纬仪	0.5
3	闭合水准测量外业	按四等水准施测	0.5
4	闭合导线测量外业	按图根导线施测	1.0
5	内业计算	水准、导线计算	0.5
6	小地块地形图测绘	经纬仪测图或全站仪 + CASS 软件数字测图	2.0
7	建筑物定位	测设矩形建筑物四周角点点位	0.5
		测设椭圆形建筑物轮廓线特征点点位	0.5
8	平整场地测量	施工场地平整测量	0.5
		平整场地土方量计算	0.5
9	高层轴线投测、高程传递和倾斜观测	向多层楼上投测轴线、传递高程和测定建筑物倾斜度	0.5
10	坡度测设和面积测量	测设道路坡度和测量广场或水域面积	0.5
11	圆曲线测设	弦线偏角法测设道路圆曲线	0.5
12	模拟隧道贯通测量	模拟隧道的贯通方向、距离和坡度测设	0.5
13	测量新仪器、新技术介绍		0.5
14	操作考核、上交成果		0.5
15	合计		10.0

五、领用仪器

实训使用仪器领借与归还要求如下。

各组领借:DS_3 型水准仪 1 台、全站仪 1 台、棱镜(附棱镜杆)2 套,或 DJ_6 型光学经纬仪 1 台、钢尺 1 把、水准尺 2 根、塔尺 1 根、标杆 1 根、测钎 2 副、皮尺 1 把、工具包 1 个、记录板 1 块、木桩若干。

六、具体作业内容和技术要求

(一) 仪器检验

1. DS_3 型水准仪检校

(1)圆水准轴检验和校正。

(2)十字丝横丝检验和校正。

(3)水准管轴检验和校正。

具体方法参见《工程测量技术》模块一项目一任务三。

2. DJ_6 型经纬仪检校

(1)照准部水准管轴检验和校正。

(2)视准轴检验和校正。

(3)横轴检验和校正。

(4)十字丝竖丝检验和校正。

(5)竖盘指标水准管轴检验和校正。

仪器检验和校正数据及结果填入相应的仪器检验和校正记录。

具体方法参见《工程测量技术》模块一项目二任务四。

(二)平面控制测量

每小组在一场地四周,按图根导线的技术要求布设一条闭合导线(见图 S15),假设 1 号点为已知点,1 号点至远处某目标 A 的方位角为已知方位角,其坐标 x_1、y_1 和方位角 α_{1A} 可根据实地情况予以设定。

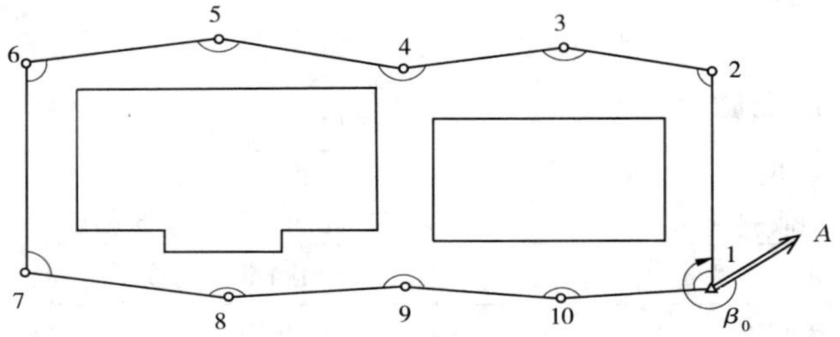

图 S15 闭合导线布设

说明:该场地最好拥有两幢多层建筑,四周有道路所围,而在两幢建筑之间有通道,与两端道路相连,从而可将两个导线点如 4 号点与 9 号点设置于通道与道路的交叉口,以便后面用于施工测量的"模拟隧道贯通测量"。作业的具体步骤为:

(1)踏勘选点。导线沿建筑物四周的道路边线布设,含 8 ~ 10 个导线点,边长为 50 ~ 100 m,点位一般设在道路交叉口、建筑物外墙拐角或门厅、过道附近,通过实地踏勘选定。

(2)水平角观测。导线的转折角用经纬仪或全站仪按测回法沿导线前进方向观测左角(即闭合导线内角)1 个测回,仪器使用光学对点器或激光对中,误差应小于 1 mm,整平时水准管气泡偏移应不超过 1 格,盘左、盘右两个半测回水平角之差应不超过 ±40″。

(3)边长测量。导线的边长用钢尺或全站仪进行往、返测量,往、返测量较差的相对误差应不超过 1/3 000。

(4)联接测量。在导线的已知点 1 上同时观测联接已知方向 1A 的连接角 β_0。

(5)内业计算。对外业观测成果予以检查,若符合要求,即进行导线的闭合差调整和坐标计算。导线的角度值及方位角值取至秒,边长取至毫米,最后坐标取至厘米,导线角度闭合差应不超过 $\pm 60''\sqrt{n}$(式中 n 为导线转折角个数),导线的全长相对闭合差应不超过 1/2 000。

计算在"导线闭合差调整及坐标计算表"内进行。

具体方法参见《工程测量技术》模块二项目一任务二。

(三)高程控制测量

以闭合导线(见图 S15)的所有导线点作为高程控制点,按四等水准测量的技术要求完成一条闭合路线的水准测量(对地形图测绘而言,其图根高程测量按普通水准测量的精度要求即可,这里主要是为了兼顾四等水准测量技能和方法的训练)。闭合水准路线应与已知水准点相联测,若无水准点,可假设其中 1 个点(如 1 号点)为已知点,其高程可根据实地情况予以设定。

(1)观测。采用双面尺法,每测站 8 项读数,10 项计算,符合限差要求方可搬站。设站时,应将仪器安置在前、后视距大致相等处,凡以中丝对前、后标尺读数前,均应旋转微倾螺旋使符合气泡居中。

(2)计算。对外业观测成果予以检查,若符合要求,即进行水准路线的闭合差调整和高程计算。路线高差闭合差的容许值为 $f_{h容} = \pm 20\sqrt{L}$mm,式中 L 为路线全长千米数。

计算在“高差闭合差调整及待定点高程计算表”内进行,平面控制测量和高程控制测量的结果填入“控制测量成果表”。

具体方法参见《工程测量技术》模块二项目一任务三和模块一项目一任务二。

(四)小块地形图测绘

在上述闭合导线范围内测绘比例尺为 1∶500 的小块地形图,若仅有经纬仪 + 小平板,采用经纬仪测绘法。其主要步骤如下:

(1)绘制坐标格网(见图 S16);

(2)展绘控制点;

(3)以经纬仪 + 小平板测绘地物和地貌,参见《工程测量技术》模块二项目二任务二。

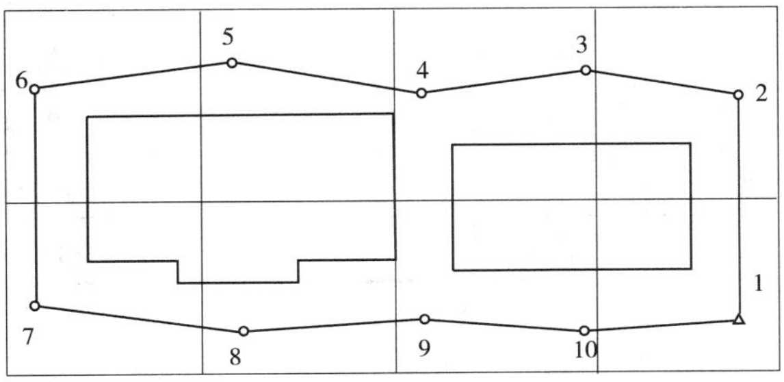

图 S16　测图格网布置示意图

若有全站仪 + CASS 软件,采用数字测绘法,其主要步骤如下所述。

1. 外业数据采集

(1)以闭合导线某导线点为测站点、相邻导线点为后视点,在测站点架设仪器,量取仪器高 i,将测站点和后视点的三维坐标以坐标文件的形式存入全站仪。

(2)进入数据采集菜单,调用上述坐标文件设置测站点、后视点、仪高、镜高,照准后视点,予以确认。

(3)按数据采集测定待测点的方法依次对测站四周的地物、地貌特征点进行测量,将测量结果存入观测数据文件和坐标数据文件,与此同时,绘制作业草图(另取白纸手绘)。

2. 内业成图

(1)数据传输与转换。将全站仪通过通信电缆与电脑相连接,运行 CASS 软件将全站仪测量的数据文件(*.RAW 或*.PTS 文件)输入计算机,转换为 CASS 坐标文件(*.DAT 或*.TXT 文件)。

(2)电脑绘图。应用 CASS 软件,调用碎部点坐标数据文件,对照野外作业草图,在计算机上完成所测道路、房屋、苗圃等地物和等高线的绘制,并加注记和图框。

参见《工程测量技术》模块二项目二任务三。

(五)建筑施工测量

1. 建筑物定位

1)矩形建筑物点的测设

(1)实训目的。

通过某办公楼的定位与放线测量,使学生能够掌握建筑物点位测设的方法。

各小组在所测导线上指定一点作为测站点,其相邻点作为后视点(见表 S36),完成一模拟办公楼角点,即外墙轴线 6 个交点的测设(见图 S17:××办公楼建筑平面图),测站点、后视点和 6 个角点假设的已知坐标见表 S36。

表 S36　测站点 *M*、后视点 *N* 已知坐标及办公楼角点的设计坐标

点名	*X*(m)	*Y*(m)	*H*(m)	边号	平距(m)
M	100.000	200.000	30.00		
N	100.000	250.000			
E	101.200	197.250	30.20	E~F	1.30
F	102.500	197.250	30.20	F~A	3.90
A	102.500	193.350	30.20	A~B	6.20
B	108.700	193.350	30.20	B~C	12.90
C	108.700	206.250		C~D	7.50
D	101.200	206.250		D~E	9.00

(2)实训方法。

教师现场指导、学生分组完成。

①内业计算——按极坐标法计算 6 个角点的测设数据;

②办公楼主要点位测设(又称"定位")——现场选择测站点和后视点,按全站仪坐标法测设办公楼 6 个角点;

③办公楼次要点位测设(又称"放线")——现场在角点测设的基础上进行办公楼次要轴线交点的测设。

(3)具体步骤。

①内业计算。

首先,计算测站点~后视点的方位角α_{MN};

其次，分别计算测站点至6个角点的方位角$\alpha_{Mi}(i=1\sim6)$；

最后，分别计算测设6个角点的水平角和水平距离

$$\beta_i = \alpha_{Mi} - \alpha_{MN} \tag{32}$$

$$d_i = \sqrt{(x_{P_i} - x_M)^2 + (y_{P_i} - y_M)^2} \tag{33}$$

计算在"建筑物主轴线角点测设数据计算表"内进行。

②办公楼主要点位测设(全站仪坐标放样)。

在指定测站安置全站仪，进入坐标放样模式，输入测站点的三维坐标、后视点的坐标与仪器高，照准后视点后，再输入放样点三维坐标及棱镜高，转动望远镜，依次测设6个角点的点位及桩位标高的差值dZ(即每个角点按设计高程应有的下挖深度或上填高度)。

③检核。

测设每个点位时，检核屏幕上显示的放样该点应有的角度差dR、应有的水平距离dH和极坐标法计算该点的放样角度β_i和放样距离d_i是否一致。

检核测设后相邻点位之间的水平距离和表S36中的相应边长是否一致(每条边的长和表S36中相应的平距误差不得大于±3 cm)。

A、B、C、D、E、F点上相应的转角均应等于90°00′00″，依次在该六点架设全站仪，检测相应的转角与90°00′00″之差，均不得大于±1′。

④办公楼次要点位测设。

在角点测设的基础上，依据设计图纸(见图S17)，用钢尺将所有次要轴线与主要轴线的交点测设于实地，并用粉笔将办公楼所有轴线在实地标出。

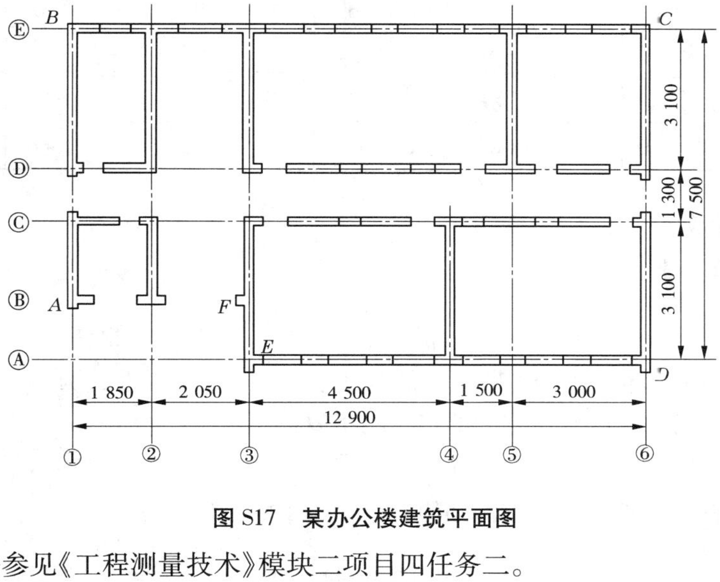

图S17　某办公楼建筑平面图

具体方法参见《工程测量技术》模块二项目四任务二。

2)椭圆形建筑物轮廓线特征点位测设

方法一：直接在椭圆中心点设测站，测设椭圆轮廓线特征点。

设椭圆形建筑物假定坐标系的竖向x轴长半径$a=15$ m，横向y轴短半径$b=12$ m，

以椭圆中心点 O 为测站（设其椭圆坐标系坐标 $x_0 = 0.000\ \mathrm{m}, y_0 = 0.000\ \mathrm{m}$），$y$ 轴左向 1 号点为后视方向（其方位角 $\alpha_{O1}=270°00'00''$），测设 24 个特征点位（见图 S18（a）），其 y_i 坐标如表 S37 所示，先进行内业——各点 x_i 坐标计算和测设数据计算，再进行外业——现场点位测设。

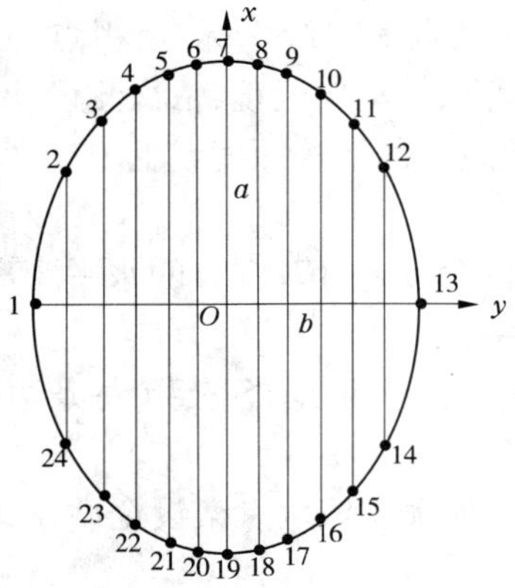

（a）以椭圆中心点为测站，1 号点为后视

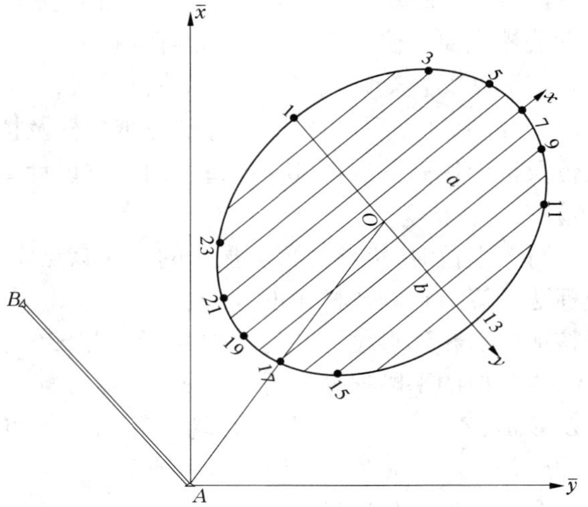

（b）以测量控制点 A 为测站，B 为后视

图 S18　椭圆形建筑物轮廓线特征点位测设示意图

表 S37　椭圆轮廓线特征点 y_i 坐标

点号	1	2	3	4	5	6	7	8	9	10	11	12
y_i(m)	−12	−10	−8	−6	− 4	−2	0	+2	+4	+6	+8	+10
点号	13	14	15	16	17	18	19	20	21	22	23	24
y_i(m)	+12	+10	+8	+6	+ 4	+ 2	0	−2	− 4	−6	−8	−10

（1）内业计算。

①依据椭圆方程

$$\frac{x^2}{a^2} + \frac{y^2}{b^2} = 1 \tag{34}$$

计算各特征点的 x_i 坐标（2～12 号点的 x_i 为正值，14～24 号点的 x_i 为负值）。

②计算中心点 O 至各点位之间的水平距离 D_{Oi}

$$D_{Oi} = \sqrt{x_i^2 + y_i^2} \tag{35}$$

③计算中心点 O 至各点位在椭圆假定坐标系中的方位角 α_{Oi}

$$\alpha_{Oi} = \arctan \frac{y_i}{x_i} \tag{36}$$

④中心点 O 以 Y 轴左向 1 号点为零方向，顺时针至各点位之间的水平角 β_i 为

$$\beta_i = \alpha_{Oi} - \alpha_{O1} \tag{37}$$

将以上计算结果填入“椭圆形建筑物轮廓线特征点位测设计算表”。

(2)现场测设。

先在场地用钢尺测设两条相互垂直的建筑基线(竖向 30 m 作为 x 轴即椭圆的长轴,横向 24 m 作为 y 轴即椭圆的短轴),假设其中心点 O 为零点。

如果用经纬仪+钢尺,在中心点 O 安置经纬仪,以横向左端 1 号点为后视方向,按极坐标法依次测设所有椭圆轮廓线特征点位。

如果有全站仪,在中心点 O 安置仪器,进入测角模式,照准 1 点,将水平读数设置为起始方位角 $\alpha_{O1}=270°00'00''$,再进入坐标放样模式,首先输入测站点(即中心点)坐标 $x_0 = 0.000$ m,$y_0 = 0.000$ m,再依次输入各点的 x_i、y_i,按坐标放样法,逐一测设所有椭圆轮廓线各特征点位。

方法二:在假设的测量控制点上设测站,测设椭圆轮廓线特征点。

(1)设测量控制点 A、B 及椭圆中心点 O 的测量坐标及椭圆长半轴在测量坐标系的方位角列于表 S38。

表 S38 测量控制点及椭圆中心点的测量坐标和椭圆长半轴的方位角

点号	X(m)	Y(m)	方位角 α	距离 D(m)
A	1 000	800	306°52′12″	30.000
B	1 018	776		
椭圆中心点 O	1 030	815	长半轴方位角 60°00′00″	15.000
椭圆轮廓 7 号点				

将上述方法一算得的椭圆轮廓线各特征点的椭圆坐标系坐标按《工程测量技术》式(2-4-11)换算为测量坐标系的坐标

$$\left.\begin{aligned} X_P &= X_{O'} + x_P\cos\alpha - y_P\sin\alpha \\ Y_P &= Y_{O'} + x_P\sin\alpha + y_P\cos\alpha \end{aligned}\right\} \tag{38}$$

式中:x_P、y_P 为轮廓特征点的椭圆坐标;X_P、Y_P 为该点相应的测量坐标;$X_{O'}$、$Y_{O'}$ 为椭圆中心点在测量系的坐标;α 为椭圆的长半轴即中心点至轮廓 7 号点在测量坐标系的方位角(参见《工程测量技术》模块二项目四任务三,见图 2-4-12)。

(2)将测量控制点、椭圆中心点和换算得的所有轮廓线特征点的测量坐标以坐标文件的形式存入全站仪。

(3)现场测设。先在场地一边用钢尺测设一条 30 m 的基线,设其右端为 A 点,左端为 B 点。

在 A 点安置全站仪,以 B 点为后视点,进入坐标放样模式,调用上述坐标文件,按全站仪坐标放样法,逐一测设椭圆形轮廓线上各特征点位(见图 S18(b))。

(4)将测设的点位与方法一所放的点位逐一加以比较,测其较差,用于检测。

具体方法参见《工程测量技术》模块二项目四任务三和模块三项目一任务四。

2. 施工场地平整测量

在丘陵山地约 50 m×50 m 的场地上,沿山坡建立一个由 4 行 4 列方格组成的格网(即 4×4 计 16 个方格,方格边长均为 10 m,即每方格的实地面积为 100 m^2,见图 S19)。

在每个网格角点打上木桩（如无山坡可以利用,可在同样范围的平坦场地上打上高度不等的木桩,以模拟一丘陵山地,山地由低至高的高差为 1.0 ~ 1.5 m,坡度变化不宜太大),设将该格网范围内按总填方量等于总挖方量的原则整为一水平场地,按以下步骤进行场地平整测量和场地平整土方量的计算。

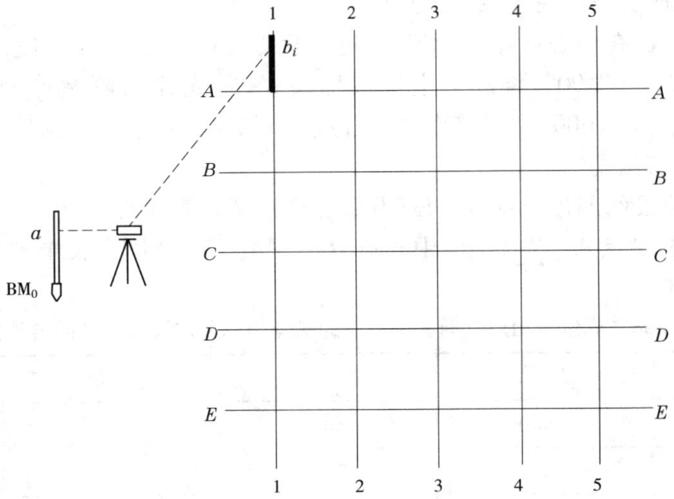

图 S19　平整场地格网布置及水准测量示意图

(1)外业。在场地内适宜位置安置水准仪,以场地外围一假定高程的水准点（例如 $H_{BM_0}=10.000$ m)为后视,依次测定所有桩点的高程。如图 S19 所示,a 为后视读数,b_i 为前视读数,其 $i=1,2,3,\cdots,25$。由于后视和各桩点的前视距离可能相差较多,所以事先应再次对水准仪的水准管轴进行检验和校正,以尽量减小 i 角误差的影响。

外业观测数据及计算所得桩点高程记入“施工场地平整水准测量记录”。

(2)内业。

①将各桩位的高程注于“施工场地平整土方量计算表”附图上相应交点的右上方。

②计算场地平整设计高程,即零点高程 H_0

$$H_0=\frac{\sum(P_i\cdot H_i)}{\sum P_i} \tag{39}$$

式中:H_i 为各交点（即桩点）的实测高程;P_i 为各交点高程相应的权值。

再在该附图上内插高程等于 H_0 的零线。

③计算每个方格角点的挖深（+）或填高（-),注于图上相应网格角点的右下方。

④将所有方格按有无零线通过的情况分为全挖方格、全填方格及半挖半填方格,分别计算每个方格的下挖面积、平均挖深或上填面积、平均填高。

⑤计算各方格的挖方（下挖面积×平均挖深）和填方（上填面积×平均填高),汇总得全场的总挖方、总填方以及总方量。

计算在“施工场地平整土方量计算表”内进行。

具体方法参见《工程测量技术》模块二项目三任务三。

3. 高层建筑轴线投测

用经纬仪将大楼底层的平面轴线投测到大楼各楼层上（参见《工程测量技术》图 3-1-19），其步骤为：

(1) 在大楼门厅外面（或可面对楼层过道窗户）场地上呈 90°方向各先设定两个轴线点。

(2) 在轴线点 A_1 及 A_2 上安置经纬仪，首先以盘左分别瞄准轴线点 B_1 及 B_2，然后将望远镜倒转，并向上抬高，将轴线投测到大楼 2 ~ 5 层相互垂直的两面阳台或过道窗沿上。

(3) 再以盘右重复投测，左右取中，注以标记。

具体方法参见《工程测量技术》模块三项目一任务二。

4. 高层建筑高程传递

采用水准测量方法将高程传递到大楼各层的标高点上（参见《工程测量技术》图2-4-5），其步骤为：

(1) 在大楼外面的场地上设置一水准点（设其 $H_{BM_0}=10.000$ m），在大楼 2 ~ 5 层上各设一个标高点，自 6 层沿楼梯间向下吊挂 1 根钢尺（下端吊一重量适中的垂球，使其基本稳定）；

(2) 先用水准仪以水准点为后视，以大楼底层地坪 ±0 点为前视，测定该楼 ±0 点的高程；

(3) 在底层门厅安置一架水准仪，再依次在大楼 2 ~ 5 层上同时可见该楼层标高点和楼梯间钢尺的位置安置另一架水准仪，用两架水准仪分别对 ±0 点和各楼层标高点上的水准尺以及下挂钢尺同时进行瞄准、读数，再通过计算，将高程传递到大楼各层的标高点上。

将观测和计算数据填入“高层建筑高程传递计算表”。

具体方法参见《工程测量技术》模块二项目四任务二。

5. 道路坡度测设

用水准仪按水平视线法测设一段道路的坡度（见图 S20），其步骤为：

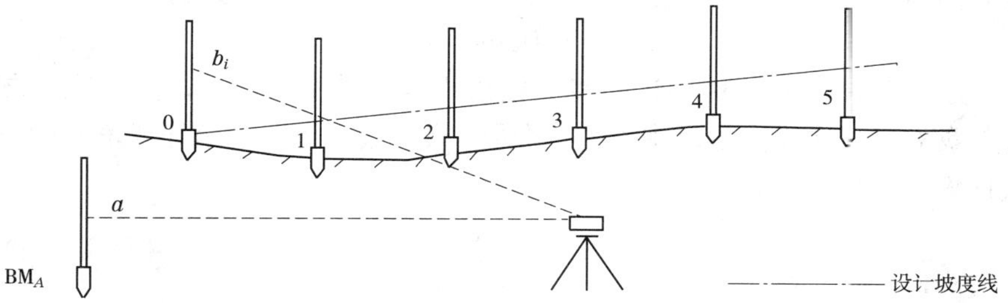

图 S20　道路坡度测设示意图

(1) 在一段长为 100 m 的场地边（或道路旁）先设一水准点 BM_A，并假设其高程 $H_{BM_A}=10.000$ m，再沿场地一直线（设为道路中心线），每间隔 $d=20$ m 设一桩位（即 5 段，计 6 个桩位，编号 j 依次为 0，1，2，3，4，5），假设起始桩点的设计高程 $H_0=10.500$ m，以及道路的设计坡度 $i=+0.5\%$，按下式计算各桩位的设计高程 H_i

$$H_i = H_{BM_A} + j \times d \times i \tag{40}$$

(2)在适中位置安置水准仪,以水准点 BM_A 为后视,在起始桩点 0 上测设其设计高程。

(3)根据起始桩点上标尺的读数 a,计算其他桩点上标尺的应有读数 b_i

$$b_i = a - j \times d \times i \tag{41}$$

(4)依次在各桩点的一侧上、下移动标尺,使其读数等于应有读数 b_i,沿标尺底端在木桩上绘红漆线,即为桩位的设计高程,其连线即为道路的设计坡度线。

将观测和计算数据填入"道路桩位高程测量记录与坡度测设计算表"。

具体方法参见《工程测量技术》模块二项目四任务二。

(六)高层建筑倾斜观测

用经纬仪测定某大楼的倾斜度(见图 S21),其步骤如下:

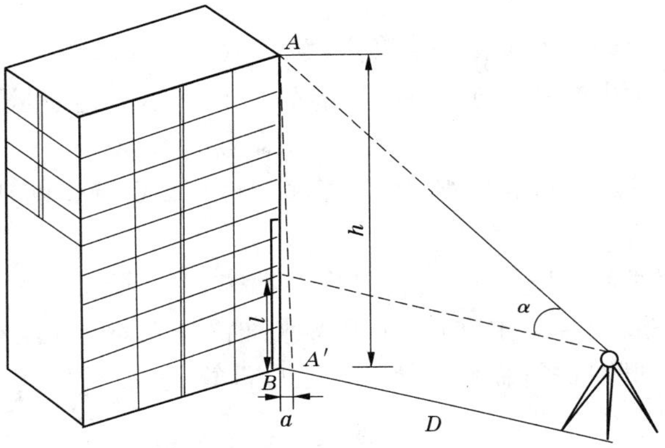

图 S21　高层建筑倾斜观测示意图

(1)设大楼高度为 h,在与大楼距离超过 $1.5h$ 的地方安置经纬仪,用钢尺丈量仪器到大楼一拐角的水平距离 D,同时在该拐角墙脚处竖立 1 根标尺,先用经纬仪(先盘左再盘右)测定大楼该拐角顶端女儿墙最高点 A 的竖直角 α,再将望远镜放水平,读取拐角处标尺的读数 l,然后根据三角高程测量的原理,按下式计算大楼拐角处的高度 h

$$h = D\tan\alpha + l \tag{42}$$

(2)分别以盘左、盘右使用望远镜将大楼该拐角顶端女儿墙最高点 A 向下投影至地面,取盘左、盘右二投影点连线的中点 A',再量测该中点 A' 相对拐角处墙角 B 的偏差值 a,代入下式计算该大楼的倾斜度 i

$$i = \frac{a}{h} \tag{43}$$

观测和计算数据填入"建筑物倾斜观测记录与计算表"。

参见《工程测量技术》模块三项目四任务一中图 3-4-8。

(七)道路圆曲线测设

1. 经纬仪弦线偏角法测设圆曲线

设道路两直线段的右转角 α 为 90°,其间用半径 $R = 25.465$ m 的圆曲线相连接,需将曲线分为 $n = 10$ 等份,用经纬仪 + 钢尺按弦线偏角法测设圆曲线的起点、终点和各等份的细部点(参见《工程测量技术》模块三项目三任务三中图 3-3-16)。

1)内业计算

根据设计的转向角 α 和圆曲线半径 R,计算圆曲线的切线长 T 与曲线长 L 和分成 10 等份的每段弧长 S、每段所对圆心角 φ、曲线起点偏角 $\delta_{起}$、其后每等分点偏角 $\delta_{分}$ 及每段弧长对应的弦长 d:

切线长 $$T = R \cdot \tan\frac{\alpha}{2} \tag{44}$$

曲线长 $$L = R\alpha \frac{\pi}{180^\circ} \tag{45}$$

每段弧长 $$S = \frac{L}{n} \tag{46}$$

每段所对圆心角 $$\varphi = \frac{\alpha}{n} \tag{47}$$

曲线起点偏角 $$\delta_{起} = \frac{\varphi}{2} \tag{48}$$

其后每等分点偏角 $$\delta_{分} = \varphi \tag{49}$$

每段弧长对应的弦长 $$d = 2R \cdot \sin\frac{\alpha}{2n} \tag{50}$$

2)外业测设

(1)在场地(约 30 m×30 m)一端用经纬仪放两条互相垂直的基线,令测站点即为圆曲线的交点 J,自测站点起始,沿基线用钢尺分别丈量距离等于圆曲线的切线长 L,定出曲线的起点 Z 和终点 Y,然后按以下步骤测设圆曲线各等分点。

(2)在 Z 点安置经纬仪,以交点 J 为零方向,顺时针拨动偏角 $\delta_{起}$,沿视线方向用钢尺丈量距离等于弦长 d,测设出 1 号分点。

(3)在 1 号点安置经纬仪,照准起点 Z(为零方向),倒转望远镜,顺时针拨动偏角 $\delta_{分}$,沿视线方向用钢尺丈量距离等于弦长 d,测设出 2 号分点。

(4)依此类推,在 i 号分点($i=1,2,3,\cdots,10$)安置经纬仪,照准 $i-1$ 号分点(为零方向),顺时针拨动偏角 $\delta_{分}$,沿视线方向用钢尺丈量距离等于弦长 d,定出 $i+1$ 号分点,直至测设出曲线终点 R(即 10 号点)。

(5)将测设的 10 号点与上述第(1)步定出的终点 Y 加以比较,检测其相差的距离,用于校核。

上述计算和检测结果列入"弦线偏角法测设圆曲线计算和检测"。

参见《工程测量技术》模块三项目三任务三。

2. 全站仪切线坐标法测设圆曲线

设道路两直线段的右转角 α 为 90°,其间用半径 $R=25.465$ m 的圆曲线相连接,需将曲线分为 $n=10$ 等份,先计算各点的切线坐标,再用全站仪坐标法测设圆曲线的起点、中点、终点和各等分的细部点(参见《工程测量技术》模块三项目二任务三中图 3-2-16)。

1)内业计算

根据设计的转向角 α 和圆曲线半径 R 计算圆曲线的切线长 T、曲线长 L(见式(44)、式(45))和分成10等份的每段弧长 l_i，原点至任一点弧长所对圆心角 φ_i 及该点的切线坐标 x_i、y_i 如下

$$\varphi_i = \frac{180°}{\pi} \cdot \frac{l_i}{R} \tag{51}$$

$$x_i = R\sin\varphi_i \tag{52}$$

$$y_i = R(1 - \cos\varphi_i) \tag{53}$$

式中：i 为圆曲线上点的序号（i =1,2,3,…,10）；l_i 为原点至 i 点的圆弧长；R 为曲线半径。

2）外业测设

(1)将上述圆曲线10个等分点的切线坐标组成坐标文件存入全站仪。

(2)在场地(约30 m×30 m)一端用全站仪测设两条互相垂直的基线，令测站点即为圆曲线的交点 J（参见《工程测量技术》模块三项目二任务三中图3-2-16)，自测站点起始，沿基线用全站仪分别测设距离等于圆曲线的切线长 L，定出曲线的起点 Z 和终点 Y，然后按以下步骤测设圆曲线各等分点。

(3)在 Z 点安置全站仪，以交点 J 为后视点，按全站仪坐标法依次测设圆曲线10个等分点(测站点、后视点及放样点的坐标均自坐标文件调入)。

(4)将全站仪坐标法放出曲线上的所有点位与上述按弦线偏角法测设的相应点位加以比较，以资检核。

参见《工程测量技术》模块三项目二任务三。

(八)模拟隧道贯通测量

以实训平面控制测量建立的闭合导线4号点和9号点之间的通道(见图S15)，作为模拟隧道的贯通段，假设4号点和9号点就是隧道两端工作面附近的中线点，以4号点和9号点连线的中点为贯通面的中点，根据4号点和9号点的坐标和高程反算贯通方位角、距离和坡度，并至现场进行模拟贯通测量（见图S22)。

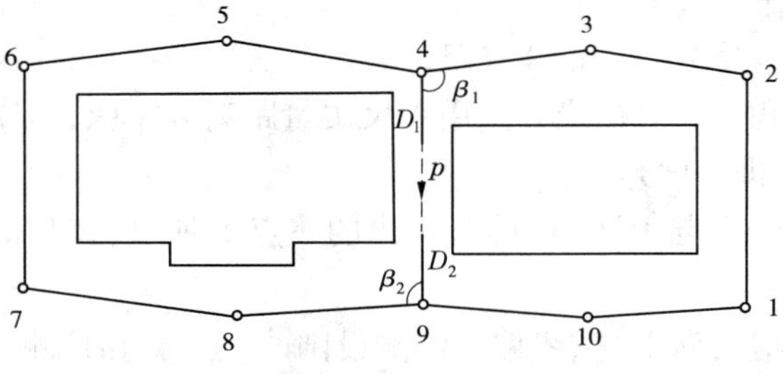

图S22　模拟隧道贯通测量示意图

1. 内业计算

(1)反算4号点(i)和9号点(j)之间贯通段的方位角 $\alpha_贯$、距离 $D_贯$ 和坡度 $i_贯$：

贯通方位角

$$\alpha_贯 = \arctan\frac{y_j - y_i}{x_j - x_i} \tag{54}$$

贯通距离

$$D_{贯} = \sqrt{(x_j - x_i)^2 + (y_j - y_i)^2} \tag{55}$$

贯通坡度

$$i_{贯} = (H_j - H_i)/D_{贯} \tag{56}$$

(2)分别以 4 号点和 9 号点与其相邻的导线点 3 号点和 8 号点作为起始方向,计算两端测设贯通方向的水平角 β_i ,并以贯通距离的 1/2 作为测设两端各至贯通面的水平距离 D_i ,方法与按极坐标法测设点的平面位置和高程相同,具体计算公式见本书附录四“模拟隧道贯通测量计算和检测记录”。

2. 现场测设

(1)依次在 4 号点和 9 号点同时安置经纬仪,各以相邻导线点 3 号点和 8 号点作为起始方向,测设水平角 β_1 和 β_2 ,沿各自的视线方向测设水平距离 D_1 和 D_2 ,分别放出贯通点 p' 和 p'' ,同时自 4 号点和 9 号点起始,按 $i_{贯}$ 测设点 p' 和 p'' 的高程。

(2)检测两端分别放出的 p' 和 p'' 点位,得两点之间垂直于中线方向的横向误差 Δu、沿中线方向的纵向误差 Δl 和沿竖向的高程之差 Δh 。

将上述计算和检测结果列入“模拟隧道贯通测量计算和检测记录”。

参见《工程测量技术》模块三项目三任务三。

七、注意事项

(1)测量实训的各项工作以组为单位,组员之间应密切配合,发扬团队精神,以便顺利完成实训任务,达到实训目的。

(2)遵守纪律,不得随意缺席和迟到、早退,有事必须向指导教师请假。

(3)每天作业前,应复习教材,对当天的作业内容和方法做到心中有数。

(4)每项工作观测完成后,应及时整理、计算,超出限差应予返工。

(5)观测记录应真实、工整,不得随意涂改和转抄,并妥善保存。

(6)所有内业计算成果必须个人独立完成(允许在计算过程中相互检核),严禁抄袭和拷贝他人的成果。

(7)仪器设站、测量作业应不影响交通,不损坏花木,注意安全。

(8)各组每天作业进程按指导书执行,组长应合理分工和对各工种进行轮换,组员应团结协作、发现问题和解决问题,遇有困难及时向指导教师反映。

(9)如遇雨天无法作业,和双休日调换。

(10)各组之间应互相谦让、互相支持,共同圆满完成实训任务。

(11)应认真执行“测量仪器工具使用管理制度”。借领或各组之间交换仪器工具时,应认真清点、检查、登记。作业中,应小心操作,爱护仪器,不得损坏和丢失。严禁持仪器、标尺、工具互相打闹,发现问题应及时向指导教师和实验室汇报,如有丢失或损坏,除需赔偿外还将视情节给予处分。使用仪器和记录的具体要求见本书“测量实验须知”部分。

八、实训成果

(一)小组上交成果

(1)控制网略图。

(2)水准仪和经纬仪检验、校正记录。

(3)水准测量观测记录。

(4)导线测量水平角及距离观测记录。

(5)控制测量成果表。

(6)施工场地水准测量记录。

(二)个人上交成果

1. 实训报告

实训报告是个人完成测量实训时的技术小结,其编写格式和内容如下:

(1)目录。

(2)前言。简述测量实训的时间、地点、目的、任务、场地概况、天气、出勤情况等。

(3)实训内容。实训过程、内容、程序、方法、技术要求、实测结果、计算成果等。

(4)实训体会。叙述实训过程中所遇困难、问题和解决的方法,通过实训所取得的收获和不足、经验和教训及心得体会等。

2. 个人计算资料(作为个人实训报告的附录)

(1)水准测量计算表。

(2)导线测量计算表。

(3)小地块数字地形图打印件。

(4)矩形建筑物四周角点测设数据计算表和测设相对点位检测表。

(5)椭圆形建筑物轮廓线特征点测设计算表。

(6)施工场地平整高程和土方量计算表。

(7)高层建筑高程传递观测与计算表。

(8)道路坡度测设观测记录与计算表。

(9)建筑物倾斜观测记录与计算表。

(10)弦线偏角法测设圆曲线计算和检测。

(11)全站仪切线坐标法测设圆曲线计算和检测。

(12)模拟隧道贯通测量计算和检测。

九、测量新仪器和新技术介绍

请有关单位或测绘仪器公司专家携带全站仪、GPS 接收机、激光测量仪等来实训现场介绍测量新仪器的特点和使用方法,或组织学生去建筑工地参观,并亲身体验测量新仪器在建筑施工中的应用。

十、操作考核

操作考核内容包括四等水准测量(1 测站)、水平角测量(1 测回)、竖直角测量(1 测回)、道路坡度测设、建筑物高度测量等,届时由学生抽签选择其中一项,根据试题要求,在限定时间内现场进行安置仪器、观测、记录和计算,根据操作仪器的熟练程度、观测记录计算的正确程度和所用时间等进行评分。

十一、成绩评定

本实训成绩由实训表现、实训成果和操作能力综合按优秀、良好、中、及格和不及格五等评定。实训表现根据学生的出勤、遵守纪律情况和工作态度计分，实训成果由观测记录、内业计算和绘图等成绩及实训报告的完成情况计分，操作能力主要取决于实训中的操作表现和结束时的操作考核成绩。

附录一　南方测绘 DL－202 型数字水准仪使用简要说明

一、部件名称

数字水准仪各总部件名称如图 S23 所示。

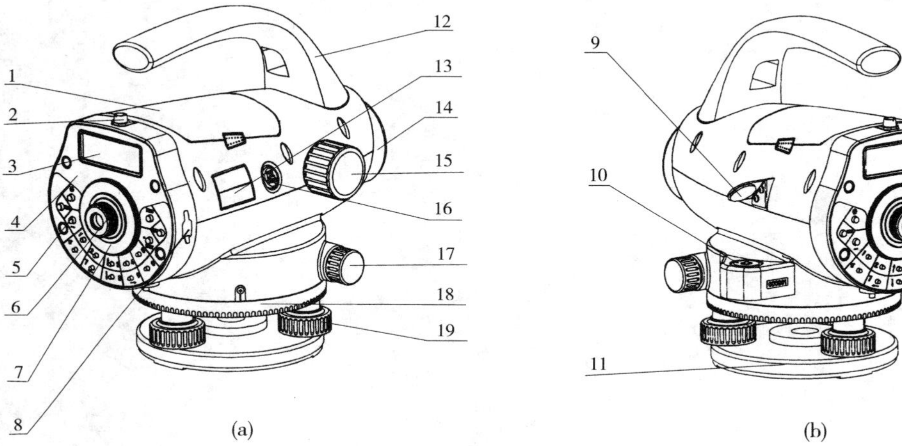

1—电池；2—粗瞄器；3—液晶显示器；4—面板；5—按键；6—目镜（用于调节十字丝的清晰度）；
7—目镜护罩（旋下此护罩可以进行分划板的调整，以调整光学视准线误差）；
8—数据输出插口：用于连接电子手簿或计算机；9—圆水准器反射镜；10—圆水准器；
11—基座；12—提柄；13—型号标贴；14—物镜；15—调焦手轮（用于标尺调焦）；
16—电源开关/测量键（用于开关仪器和测量）；17—水平微动手轮；
18—水平度盘（用于将仪器照准方向的水平方向值设置为零或所需值）；19—脚螺旋

图 S23　数字水准仪各部件名称

二、操作键及其功能

键符	键名	功能
POW/MEAS	电源开关/测量键	开关电源和用于测量 开机：仪器待机时轻按一下 关机：按 2 s 左右
MENU	菜单键	在其他显示模式下，按此键可以回到主菜单
DIST	测距键	在测量状态下按此键测量并显示距离
↑ ↓	选择键	翻页菜单屏幕或数据显示屏幕

续表

键符	键名	功能
→ ←	数字移动键	查询数据时的左右翻页或输入状态时的左右选择
ENT	确认键	用来确认模式参数或输入显示的数据
ESC	退出键	用来退出菜单模式或任一设置模式，也可作输入数据时的后退清除键
0～9	数字键	用来输入数字
—	标尺倒置模式	用来进行倒置标尺输入。首先将设置\测量参数\标尺倒置模式设置为“使用”，然后在按［测量］键之前按此键，屏幕右上角的电池标志和T标志交替显示，此时的测量值即为标尺倒置后的测量值
ŏ	背光灯开关	打开或关闭背光灯
.	小数点键	数据输入时输入小数点

三、功能菜单

MENU	一级菜单	二级菜单	三级菜单	
主菜单	1. 测量	1. 标准测量（仅测量标尺读数和距离）		
		2. 放样测量	1. 高程放样（通过输入高程进行放样）	
			2. 高差放样（通过输入高差进行放样）	
			3. 视距放样（通过输入视距进行放样）	
		3. 线路测量（用于沿线路根据后视点高程测量中间点或前视点高程）		
		4. 高程高差（用来根据后视点高程测量前视点的高差和高程）		
	2. 检校	（主要用于仪器视准线误差 i 角的检校）		
	3. 设置	测量参数	测量模式	N 次测量（取平均值）/连续测量
			最小读数	1 mm/0.5 mm
			标尺倒置	使用/不使用
			数据单位	米/英尺
			存储模式	不存储/自动存储/手动存储
		仪器参数	自动关机	开/关
			对比度	1/9
			背景光	开/关
			仪器信息	出厂日期/仪器机号
			注册信息	
	4. 数据管理（用数据文件进行操作）	1. 输入点		
		2. 查找作业	输入点/标准测量/线路测量/高程高差	
		3. 删除作业	输入点/标准测量/线路测量/高程高差	
		4. 检查容量	（检查内存使用情况）	
		5. 文件输出	输入点/标准测量/线路测量/高程高差	
		6. 格式化	（删除所有文件，对内存进行初始化）	

注：测量前可先设置“平均测量次数”。操作：按［ENT］键，显示主菜单—“3. 设置”，按［ENT］键—“测量参数”，按［ENT］键—按［↑］［↓］键—“1. 测量模式”，按［ENT］键—“1. N 次测量”，输入测量次数 N（1～9），按［ENT］键，则测量结果取 N 次测量的平均值，以提高精度。

四、基本操作

仪器的基本操作与自动安平水准仪大致相同,包括安置、粗平、瞄准、读数、关机等。

(1)安置水准仪:将仪器用连接螺旋固定在架头上,使其高度适宜,按[电源]键开机。

(2)粗平:按“左手法则”旋转脚螺旋,使圆水准器气泡居中,即可使补偿器在补偿范围内使望远镜水平。

(3)安置水准尺:条形码水准尺应使尺上的圆水准器气泡居中,以保证标尺直立。测量时,不应有障碍物或阴影投射在尺面上,也不要以浓密的树荫作为背景,以免妨碍仪器照准或通视,尺面若直对阳光可少许旋转,以免对仪器产生过强的反射光。

(4)瞄准:将望远镜照准标尺,进行目镜和物镜调焦,使十字丝和水准尺影像均非常清晰,并消除视差。

(5)读数:观测和计算数据可以通过“存储模式”选择使用“不存储”(即读数)、“自动存储”或“手动存储”。

(6)关机:按下[电源]键2 s左右即可关机。

五、模式操作

(一)标准测量模式

仅用于测量标尺读数和仪器至标尺的距离,而不进行高程测量。

操作步骤:按[ENT]键,显示主菜单—选“1. 测量”,按[ENT]键—选“1. 标准测量”,按[ENT]键— 显示“是否记录数据?”,当测量参数内存模式设置为自动存储或手动存储时,按[ENT]键记录数据—输入作业(文件)名(在显示的英文字母后面输入阿拉伯数字即可),按[ENT]键—瞄准标尺并清晰,按[MEAS]键测量,显示标尺读数和视距,多次测量则最后一次为平均值—显示点号,按[↑][↓]键可查阅点号,存储后点号会自动递增—按[ENT] 键继续测量或按[ESC]键退出,任何过程中连续按[ESC]键可退回主菜单。

(二)高程放样模式

根据后视点和放样点的高程进行放样。

操作步骤:按[ENT]键,显示主菜单—选“1. 测量”,按[ENT]键—选“2. 放样测量”,按[ENT]键—选“1. 高程放样”,按[ENT]键—输入后视点高程,按[ENT]键—输入放样点高程,按[ENT]键—瞄准后视点标尺并清晰,按[MEAS]键测量,显示后视标尺读数和视距,按[ENT]键—瞄准放样点标尺并清晰,按[MEAS]键测量,显示放样点标尺读数和视距,再显示放样点的高程和需填(-)、挖(+)值—按[ENT]键继续放样或按[ESC]键退出。

(三)高差放样模式

根据后视点与放样点的高差进行放样。

操作步骤:按[ENT]键,显示主菜单—选“1. 测量”,按[ENT]键—选“2. 放样测量”,按[ENT]键—选“2. 高差放样”,按[ENT]键—输入后视点高程,按[ENT]键—输入后视点和放样点高差,按[ENT]键—瞄准后视点标尺并清晰,按[MEAS]键测量,显示后视标尺读数和视距，按[ENT]键—瞄准放样点标尺并清晰，按[MEAS]键测量，显示放样点标尺读数和视距，再显示放样点的高程和需填(－)、挖(＋)值—按[ENT]键继续放样或按[ESC]键退出。

(四)视距放样模式

根据仪器至放样点的视距进行放样。

操作步骤：按[ENT]键，显示主菜单—选“1. 测量”，按[ENT]键—选“2. 放样测量”，按[ENT]键—选“3. 视距放样”，按[ENT]键—输入放样视距，按[ENT]键—瞄准放样点标尺并清晰，按[MEAS]键测量，显示视距和差值(“＋”表示标尺应向仪器方向移，“－”表示标尺应向前移)，按[ENT]键继续视距放样或按[ESC]键退出。

(五)线路测量模式

用于测量中间点或前视点的高程，线路水准测量时“存储模式”必须设置为“自动存储”或“手动存储”。

操作步骤：按[ENT]键，显示主菜单—选“1. 测量”，按[ENT]键—选“3. 线路测量”，按[ENT]键—输入作业名，按[ENT]键—输入后视点号(在显示的英文字母后面输入阿拉伯数字即可)，按[ENT]键—显示是否“调用记录数据?”，记录数据可以通过“数据管理”中的“输入点”来输入数据，如果不调用，可以手动输入后视点的高程，按[ENT]键—瞄准后视点标尺并清晰，按[MEAS]键测量，显示后视点标尺读数和视距，按[ENT]键—可按[MEAS]键重复测量或按[ENT]键选择测量下一点—按[ENT]键—按[←]键选择测量前视点，输入中间点号，按[ENT]键—瞄准中间标尺并清晰，按[MEAS]键，显示中间标尺读数和视距，按[←]键选择测量前视点，输入前视点号，按[ENT]键—瞄准前视点标尺并清晰，按[MEAS]键，显示前视点标尺读数和视距—按[ENT]键继续测量或按[ESC]键退出。

各点测量完毕显示标尺读数和视距之后，按[↓]键可显示该点的点号和高程；前视点测量完毕，还可显示测站高差和总线路长。仪器搬至下一测站，该前视点自动变为下一测站的后视点，而无须再输入后视点高程。

注意：前视测量之前可更改前视点的点号，点号递增，已用过的点号可以再次使用。

(六)高程高差模式

用于根据后视点高程测量前视点的高程、高差。

操作步骤：按[ENT]键，显示主菜单—选“1. 测量”，按[ENT]键—选“4. 高程高差”，按[ENT]键—显示“是否记录数据?”，按[ENT]键记录数据—输入作业(文件)名，按[ENT]键—如果该作业已存在且在原先作业内存储按[ENT]键，否则按[ESC]键，重新输入文件名—选择是否输入后视点高程? 按[ENT]键，输入后视点高程—瞄准后视标尺并清晰，按[MEAS]键测量，显示后视标尺读数和视距，按[ENT]键—可按[MEAS]键重复测量或按[ENT]键选择测量下一点—瞄准前视标尺并清晰，按[MEAS]键，显示前视标尺读数和视距，按[↓]键显示前视点高程高差，按[ENT]键—按[ENT]键继续下一前视点测量—瞄准下一前视点标尺并清晰，按[MEAS]键，显示下一点前视标尺读数和视距及高程高差，按[ENT]键—按[ESC]键重新测量。

六、检校操作

仪器的圆水准器检校方法与一般 DS_3 型水准仪的圆水准器检校相同,此处检校模式主要用于仪器的视准线误差 *i* 角的检校,其操作步骤为:如图 S24 所示,在相隔 50 m 的标尺 *a*、*b* 中间设置 *A*、*B* 两点,将 *ab* 分为三等份。先在 *A* 点设站,整平仪器,在主菜单屏幕上选择“2. 检校”,按[ENT]键—按[MEAS]键,显示“检校模式:a<—— A —— b”—按[ENT]键—瞄准标尺 *a*,调焦后按[ENT]键,显示“Aa 标尺读数”—按[MEAS]键,显示“检校模式:a —— A ——>b”—按[ENT]键—瞄准标尺 *b*,调焦后按[ENT]键,显示“Ab 标尺读数”—关机后移动仪器至 *B* 点,按[MEAS]键,显示“检校模式:a<—— B —— b”—瞄准标尺 *a*,调焦后按[ENT]键,显示“Ba 标尺读数”—按[MEAS]键,显示“检校模式:a —— B ——>b”—瞄准标尺 *b*,调焦后按[ENT]键,显示“Bb 标尺读数”—按[↓][↑]键和[ENT]键 ,显示 *i* 角差值—按[ENT]键,选择存储“校准值”—再按[ENT]键 ,选择“十字丝检校”,显示“Bb 标尺应有校准值”—旋下目镜罩,用拨针旋动十字丝校正螺钉,使十字丝对应的读数和校准值一致,即校正完毕。

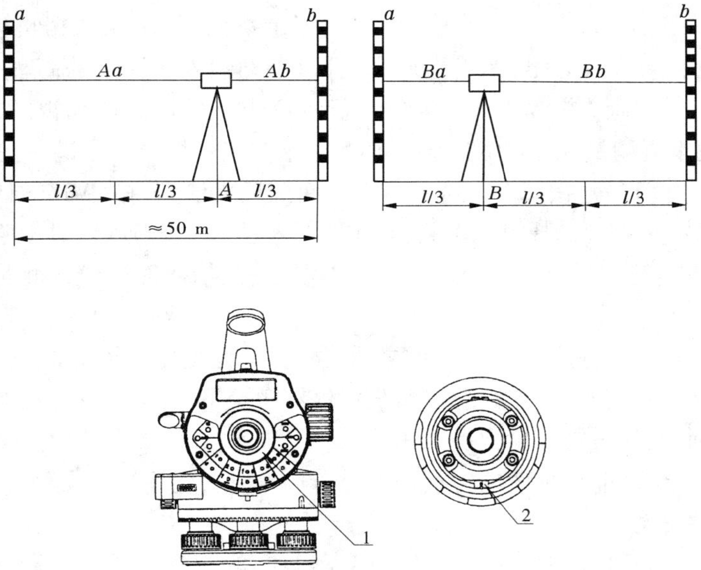

1—目镜罩;2—十字丝校正螺钉

图 S24 视准线误差 *i* 角的检校

七、数据管理

按[ENT]键,显示主菜单—选“4. 数据管理”,按[ENT]键—“1. 输入点”:用于输入点号和高程,以便作为基准点调用;“2. 查找作业”:用于按类型查找输入点、标准测量、线路测量、高程高差文件的内容;“3. 删除作业”:用于按类型删除输入点、标准测量、线路测量、高程高差文件的内容;“4. 检查容量”:用于检查仪器内存的使用情况;“5. 文件输出”:用于按类型将输入点、标准测量、线路测量、高程高差文件通过 USB 接口发送给计算机。通信格式(波特率:9600,数据位:8,停止位:1,无检校)。根据文件类型,按下列规则自动加上扩展名:. L—线路测量文件;. M—标准测量文件;. H—高程高差文件;. T—输入点文件。

八、主要技术指标

高程测量精度(每千米往、返测中误差):电子读数 1.5 mm,光学读数 2.0 mm。

距离测量精度:电子读数 $D \leqslant 10$ m,10 mm;$D > 10$ m,$D \times 0.001$。

测程:电子读数 1.5 ~ 100 m。

最小显示:高差 1 mm/0.5 mm,距离 0.1 cm/1 cm。

测量时间:一般条件下小于 3 s。

望远镜:放大倍率 32 倍,视距乘常数 100,视距加常数 0。

补偿器:补偿范围 ±12′。

自动断电:5 min/OFF。

工作温度:-20 ~ 50 ℃。

九、测量注意事项

(1)仪器到标尺的距离不得短于 1.5 m,且精确调焦至影像清晰。

(2)不要有强的亮光或浓的树荫作为背景,也不要有树的枝叶遮挡标尺条码,若标尺处比目镜处灰暗,可用手稍许遮挡一下目镜。

(3)避免通过玻璃窗测量,注意标尺的直立,不要歪斜和俯仰,以免影响测量结果。

(4)长时间存放或长途运输后,测量前应注意仪器电子和光学的视准线(即 i 角)误差检校和圆水准器的检校。

附录二　南方测绘 NTS－312 型全站仪使用简要说明

一、仪器部件

南方测绘全站仪各部件名称如图 S25 所示，显示窗和操作键如图 S26 所示。

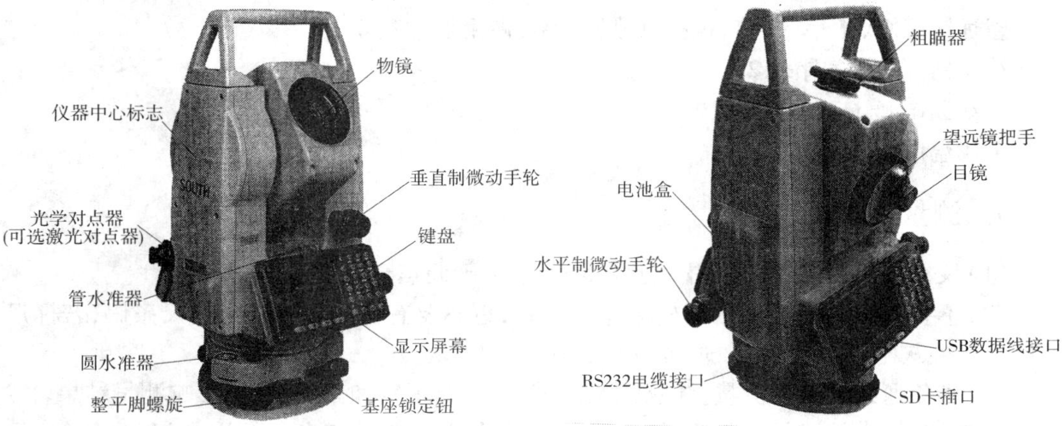

图 S25　南方测绘全站仪部件名称

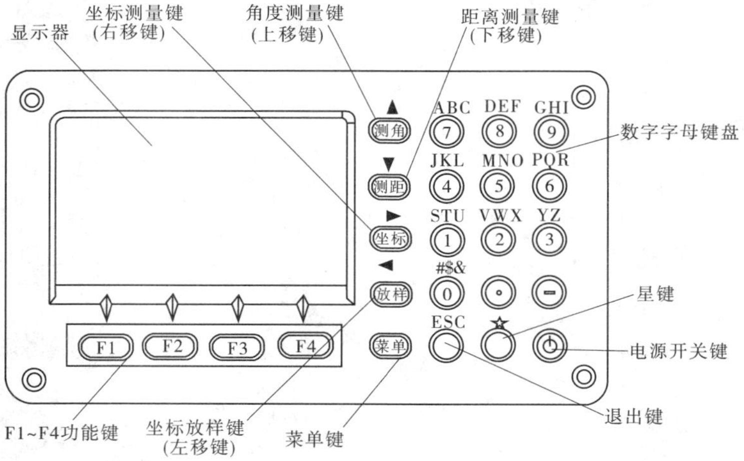

图 S26　显示窗和操作键

二、操作键

按键	名称	功能
ANG	角度测量键	进入角度测量模式
	距离测量键	进入距离测量模式
	坐标测量键	进入坐标测量模式（上移键）
S.O	坐标放样键	进入坐标放样模式（下移键）
K1	快捷键 1	用户自定义快捷键 1（左移键）
K2	快捷键 2	用户自定义快捷键 2（右移键）
ESC	退出键	返回上一级状态或返回测量模式
ENT	回车键	对所做操作进行确认
M	菜单键	进入菜单模式
T	转换键	测距模式转换
★	星键	进入星键模式或直接开启背景光
	电源开关键	开关电源
F1 ~ F4	软键(功能键)	对应于显示的软键中文提示功能
0 ~ 9	数字字母键	输入数字或字母（仪高、镜高、坐标自动按数字输入；点名、编码自动按字母输入，按键 1 ~ 3 次依序输入不同字母）
—	负号键	输入负号
.	点号键	开启或关闭激光指向功能，输入小数点

三、显示符号

显示符号	内容
V	垂直角(设置水平为 0)或天顶距(设置天顶为 0)
V%	垂直角（坡度显示）
HR	水平角（右角，即自起始方向顺时针增大的角）
HL	水平角（左角，即自起始方向逆时针增大的角）
HD	水平距离
VD	高差（仪器中心至棱镜中心）
SD	倾斜距离
N	北向坐标（X）
E	东向坐标（Y）
Z	高程（H）
*	EDM(光电测距)正在进行
m/ft	米与英尺之间的转换

续表

显示符号	内容
m	以米为单位
S/A	气象改正与棱镜常数设置
PSM	棱镜常数(以 mm 为单位)
(A)PPM	大气改正值(A 为开启温度气压自动补偿功能,仅适用于 NTS—300R 系列)

四、功能键

(一)角度测量模式(ANG 键)

页数	软键	显示符号	功能
第 1 页(P1)	F1	置零	水平角读数置为 0°00′00″
	F2	锁定	水平角读数锁定
	F3	置盘	通过键盘输入需要设置的水平角读数
	F4	P1↓	进入第 2 页软键功能
第 2 页(P2)	F1	倾斜	设置倾斜改正开/关,若选择开则显示倾斜改正
	F2	……	……
	F3	V%	垂直角显示的格式(垂直角/坡度)的切换
	F4	P2↓	进入第 3 页软键功能
第 3 页(P3)	F1	R/L	水平角(右角/左角)模式的切换
	F2	……	……
	F3	竖角	测量高度角(水平为 0)/天顶距(天顶为 0)的切换
	F4	P3↓	进入第 1 页软键功能

(二)距离测量模式(键)

页数	软键	显示符号	功能
第 1 页(P1)	F1	测量	启动测量
	F2	模式	选择测距模式为单次精测/连续精测/连续跟踪
	F3	S/A	设置温度、气压、棱镜常数等
	F4	P1↓	进入第 2 页软键功能
第 2 页(P2)	F1	偏心	进入偏心测量模式
	F2	放样	进入距离放样模式
	F3	m/ft	单位为米/英尺的切换
	F4	P2↓	进入第 1 页软键功能

(三)坐标测量模式(键)

页数	软键	显示符号	功能
第 1 页（P1）	F1	测量	启动测量
	F2	模式	选择测距模式为单次精测/连续精测/连续跟踪
	F3	S/A	设置温度、气压、棱镜常数等
	F4	P1↓	进入第 2 页软键功能
第 2 页（P2）	F1	镜高	设置棱镜高度
	F2	仪高	设置仪器高度
	F3	测站	设置测站坐标
	F4	P2↓	进入第 3 页软键功能
第 3 页（P3）	F1	偏心	进入偏心测量模式
	F2	后视	设置后视方位角
	F3	m/ft	单位为米/英尺的切换
	F4	P3↓	进入第 1 页软键功能

(四)坐标放样模式([S.O]键)

页数	菜单		功能
第 1 页（1/2）	F1:输入测站点		可以调用坐标文件中点的坐标,也可以直接曰键盘输入点的坐标
	F2:输入后视点		
	F3:输入放样点		
第 2 页（2/2）	F1:选择文件		可以直接调用坐标文件,也可以通过查找文件再选用
	F2:新点	F1:极坐标法	测量一个新点作为测站点,用于放样
		F2:后方交会法	
	F3:格网因子		设置格网因子（用于坐标格网距离和地面距离的换算）

(五)菜单模式([M]键)

	一级菜单	二级菜单	三级菜单	
主菜单	1/2 页			
	F1:数据采集	(选择文件)		
		1/2 页		
		F1:输入测站点		
		F2:输入后视点		
		F3:测量		
		F4:选择文件(测量文件/坐标文件)		
		2/2 页		
		F1:输入编码		
		F2:设置	F1:测距模式(精测/跟踪)	
			F2:测距次数(单次/连续)	
			F3:存储设置(是/否)	
			F4:数据采集设置(先输测点/先测量)	
	F2:测量程序	1/2 页		
		F1:悬高测量	F1:输入镜高	
			F2:无需镜高	
		F2:对边测量	F1:MLM1[A~B,A~C]	
			F2:MLM2[A~B,B~C]	
		F3:面积测量	F1:文件数据	
			F2:测量	
		F4:Z 坐标测量	F1:输入测站点	
			F2:基准点测量	
	F3:内存管理	1/3 页		
		F1:存储介质	F1:FLASH(内存)	
			F2:SD CARD(存储卡)	
		F2:内存状态(显示数据文件总数)		
		F3:数据查阅	F1:测量数据	(先输入文件名,再查找)
			F2:坐标数据	
			F3:编码库	
		F4:文件维护	(可进行文件改名或删除文件)	
		2/3 页		
		F1:输入坐标	(输入坐标文件名、点名、编码)	
		F2:删除坐标	(输入坐标文件名、点名、删除)	
		F3:输入编码	(对点的编码进行编辑)	
		3/3 页		
		F1:数据传输	F1:通过 RS-232 F2:通过 USB	F1:发送数据 F2:接收数据 F3:设置通信参数
		F2:文件操作	(通过 SD 卡将全站仪的 16 进制存储文件 *.PTS 与 PC 电脑的 ASIC 文件 *.TXT 互换)	
		F3:初始化(清零)	F1:文件数据	(测站点坐标、仪高、棱镜高不会被删除)
			F2:所有文件	
			F3:编码数据	

续表

主菜单	一级菜单	二级菜单	三级菜单
主菜单	F4:设置	1/2 页	
		F1:单位设置	F1:角度(360°/400/密位)
			F2:温度(℃/°F)
			F3:气压(hPa/mmHg/inHg)
			F4:距离(m/ft)
		F2:测量参数设置	1/2 页
			F1:倾斜补偿(打开/关闭倾斜补偿)
			F2:折光改正(设置大气改正系数)
			F3:格网因子(设置高程/比例因子)
			F4:最小角度读数(1″/5″)
			2/2 页
			F1:垂直角读数(垂直0/水平0)
			F2:测程选择(0~2 km/0~5 km)
			F3:温度气压自动补偿(关/开)
		F3:开机显示设置	测角模式/测距模式/坐标模式
		F4:快捷键设置	K1/K2(可设置功能:1. 悬高测量,2. 对边测量,3. 面积测量,4. Z坐标测量,5. 点到直线测量,6. 道路测量,7. 后方交会;8. 无)
		2/2 页	
		其他设置	F1:自动关机(开/关)
			F2:电池类型选择(NB-36/NB-28)
			F3:恢复出厂设置(是/否)
	2/2 页		
	校正模式	1/2 页	
		F1:补偿器零点校正	
		F2:垂直角零基准	
		F3:仪器常数	
		F4:时间日期	
		2/2 页	
		F1:液晶对比度设置	

文件识别符说明:

文件前缀识别符:"*"为当前测量文件,"&"为当前坐标文件。

文件后缀识别符:". RAW"为测量数据文件,". PTS"为坐标数据文件,". HAL"为水平定线数据文件,". VCL"为垂直定线数据文件。

五、初始设置

(一)设置温度和气压

预先测定测站周围的温度和气压—按◿键(距离测量键)—按[S/A]键进入气象改正设置—按[温度]键输入温度(精确至0.1℃)、气压(精确至0.1 hPa或0.1 mmHg)—按[ENT]键确认,仪器自动计算大气改正值PPM。

(二)直接设置大气改正值

预先测定温度和气压,然后从大气改正图上或根据以下改正公式计算大气改正值PPM

$$PPM = 273.8 - 0.2900P/(1 + 0.00366T)$$

式中:P为气压,hPa(毫巴),若使用单位为mmHg,按1 mmHg = 1.33 hPa进行换算;T为温度,℃。

在距离测量模式或坐标测量模式下,按[F3](S/A)键,进入气象改正设置—按[PPM]键,输入大气改正值PPM,按[ENT]键确认。

(三)设置反射棱镜常数

该全站仪棱镜常数出厂设置值为-30,若所用棱镜的常数不是-30,应重新设置(NTS-312R型全站仪若合作目标选择反射镜或无合作目标,则棱镜常数自动设置为0):

在距离测量模式或坐标测量模式下,按[F3](S/A)键,进入气象改正设置—按[F1](棱镜)键,输入棱镜常数PSM,按[ENT]键确认。

(四)设置垂直角倾斜改正

在角度测量模式下,进入第2页,按[F1](倾斜)键,进入倾斜补偿设置界面—按[F1]键打开倾斜补偿,即可对仪器整平误差引起的垂直角倾斜进行自动补偿(菜单模式下的测量参数设置界面,也有倾斜补偿设置功能)。若屏幕显示"X补偿超限"即表明仪器倾斜超出补偿范围,必须人工整平。

六、星键模式(按[★]键)

(1)对比度调节:按[↑][↓]键可以调节液晶显示对比度。

(2)照明:按[照明]键,开关背景光与望远镜照明。

(3)倾斜:按[倾斜]键选择开/关倾斜改正,再按[ENT]键确认。

(4)S/A:进入棱镜常数和温度气压设置界面。

(5)对点:如仪器带有激光对点功能,按该键,再按[F1]键或[F2]键选择激光对点器开/关。

说明:NTS-312R型全站仪按[★]键后,再按[F1](模式)键,可以在三种用于反射电磁波的"合作目标"中进行选择(若要开关背景光,只需再按[★]键):

F1:反射棱镜;

F2:反射片(用反射片代替反射棱镜);

F3:无合作(不用反射棱镜或反射片,激光束遇障碍物即可反射,但测距精度稍低)。

七、角度、距离、坐标及程序测量

(一)开机与垂直角过零

打开电源开关即开机(有的全站仪开机后显示"垂直角过零",需竖向轻转望远镜1~2圈,使竖盘指标线恢复零位)。

(二)角度测量

按[角度测量]键,进入测角模式,照准起始目标A,按[置零]键并按[是]键确认,再照准目标B,显示HR即为AB的水平角(右角/左角);显示V即为目标B的高度角(天顶距(自天顶方向始,顺时针旋转的角值)/垂直角(自水平方向始逆时针旋转的角值为+,

顺时针旋转的角值为 -)。

(三)距离测量

按[距离测量]键,进入测距模式,照准目标棱镜中心,按[测量]键,显示 HD 为水平距离,VD 为仪器中心至棱镜中心的高差;再按[距离测量]键,显示 SD 为倾斜距离。

(四)在坐标测量模式测定新点坐标

按[坐标测量]键,进入坐标测量模式—按[P1↓]键进入第 2 页—按[镜高]键,输入新点棱镜高—按[仪高]键,输入测站仪器高—按[测站]键,输入测站点坐标 N、E、Z(均须按[ENT]键确认)—按[P2↓]键进入第 3 页,按[后视]键,输入后视点点名—再按[坐标]键,输入后视点坐标值,按[ENT]键确认,提示:"照准后视点?"— 转动望远镜照准后视点—按[是]键,完成后视方位角的设置—照准新点棱镜—按[测量]键—显示新点三维坐标。后视方位角的输入,也可以先在角度测量模式下,转动望远镜照准后视点—按[置盘]键,自键盘直接输入后视方位角,确认即可。

(五)在放样模式下测定新点坐标

1. 建立已知点坐标文件

按[M]键,进入菜单模式—按[F3]键内存管理,按[↓]键进入 2/3 页—按[F1]键输入坐标—输新文件名或调用老文件,回车—输入点名、编码,再输入坐标,回车—进入下一点输入显示屏,继续下一点输入(点号自动加 1)—已知点坐标输入完毕,按[ESC]键结束。

2. 在放样模式下设置测站点

按坐标放样键[S. O]进入放样模式—按[P1↓]键进入坐标放样菜单 2/2 页,选"F1:选择文件"—按[F2](调用)键(显示坐标文件,予以选择,回车)—选"F1:输入测站点"—输入测站点名—显示该点坐标,OK? 按[是]键(如果不调用已知点坐标文件,也可以在输入测站点名后,按[坐标]键,直接由键盘输入测站点坐标,回车确认)—输入仪器高,回车—按[ESC]键结束。

3. 在放样模式下设置后视点

按坐标放样键[S. O],进入放样模式—按[P1↓]键进入坐标放样菜单 2/2 页,选"F1:选择文件"—按[F2](调用)键(显示坐标文件,予以选择,回车)—选"F2:输入后视点"—输入后视点名—显示该点坐标,OK? 按[是]键—显示后视方位角(如果不调用已知点坐标文件,也可以在输入后视点名后,按[坐标]键,直接由键盘输入后视点坐标,回车确认;还可以在输入后视点名后,按[角度]键,直接在提示"HR:"后面,由键盘输入后视方位角,确认)—照准后视点— > 照准? 按[是]键—按[ESC]键结束。

4. 极坐标法测定新点

按坐标放样键[S. O],进入放样模式—按[P1↓]键进入 2/2 页—选"F2:新点"—选"F1:极坐标法"—选择文件(输入保存新点的文件名,或调用坐标文件,回车)—输入新点点名、编码,回车—输入棱镜高,回车—转动望远镜照准新点—按[测量]键—记录? 按[是]键,新点坐标存入坐标数据文件,继续下一个新点的点名、编码输入和测量—测量完毕,按[ESC]键结束。

5. 后方交会法测定新点

按坐标放样键[S. O],进入放样模式—按[P1↓]键进入 2/2 页—按"F2:新点"—选"F2:后方交会法"—选择文件(输入已知点坐标文件名,或调用坐标文件,回车)—输入新点点名、编码，回车—选“F1：距离后方交会”—输入仪高，回车—输入1号已知点点名，回车，显示该点坐标，>OK？按[是]键—输入镜高，回车—转动望远镜照准1号已知点—按[测量]键—输入2号已知点点名，回车，输入镜高，回车—再对2号已知点进行照准、测量，显示残差(已知点间的距离差和由两已知点算得的新点之Z坐标差)—按[下步]键—继续对其他已知点进行输入、照准、测量，最多可达7个已知点—按[计算]键，显示新点坐标—记录？按[是]键，新点坐标存入文件，并将所计算的新点坐标作为新的测站点坐标—按[ESC]键结束。

(六)程序测量

1. 悬高测量

(1)有棱镜高输入形式：按[M]键进入菜单模式—选“F2：测量程序”—按[测量]键选“F1：悬高测量”—选“F1：输入镜高”，输入镜高，回车—转动望远镜照准棱镜—按[测量]键，显示水平距离HD—按[设置]键，确认棱镜位置—照准目标点K，显示高度VD—按[ESC]键结束。

(2)无棱镜高输入形式：按[M]键进入菜单模式—选“F2：测量程序”—选“F1：悬高测量”—选“F2：无需镜高”，回车—转动望远镜照准棱镜—按[测量]键，显示水平距离HD—按[设置]键，确认水平距离，显示垂直角V—照准地面点—按[F4](设置)键，确定棱镜位置—照准目标点K，显示高差VD—按[ESC]键结束。

2. 对边测量

1)辐射式(A—B，A—C，A—D)

直接照准棱镜测量形式：按[M]键进入菜单模式—选“F2：测量程序”—选“F2：对边测量”—输入文件名，按[跳过]键不输入—选“F1：MLM1[A—B，A—C]”(辐射式)—照准棱镜A—按[测量]键，显示仪器至棱镜A的平距HD—按[设置]键，确定棱镜位置—照准棱镜B—按[测量]键，显示仪器至棱镜B的平距HD—按[设置]键，显示棱镜A—B之间的方位角(HR)、平距(dHD)、高差(dVD)、斜距(dSD)—按[下点]键—照准棱镜C—按[测量]键，显示仪器至棱镜C的平距HD—按[设置]键，显示棱镜A—C之间的方位角(HR)、平距(dHD)、高差(dVD)、斜距(dSD)—按[下点]键—照准棱镜D(重复上述测量步骤和显示测量结果)—按[ESC]键返回。

使用数据文件计算形式：按[M]键进入菜单模式—选“F2：测量程序”—选“F2：对边测量”—输入文件名，回车—选“F1：MLM1[A—B，A—C]”(辐射式)—按[坐标]键—输入A点点名(或再按[坐标]键，直接输入A点坐标)，回车—按[坐标]键—输入B点点名(或再按[坐标]键，直接输入B点坐标)，回车—显示棱镜A—B之间的方位角(HR)、平距(dHD)、高差(dVD)、斜距(dSD)—按[下点]键—按[坐标]键—输入C点点名(或再按[坐标]键，直接输入C点坐标)，回车—显示棱镜A—C之间的方位角(HR)、平距(dHD)、高差(dVD)、斜距(dSD)—按[下点]键(重复上述步骤和显示计算结果)—按[ESC]键返回。

2)连续式(A—B，B—C，C—D)

在选“F2：MLM2[A—B，B—C]”后，测量或计算步骤与上述辐射式完全相同。

3. 面积测量

直接测量形式：按[M]键进入菜单模式—选“F2：测量程序”—选“F3：面积测量”—选

“F2:测量”—照准1号点棱镜—按[测量]键—[确认]键—继续下一点的照准、测量,测三个点以上即显示相应点所包围的面积。

使用数据文件计算形式:按[M]键进入菜单模式—选“F2:测量程序”—选“F3:面积测量”—选“F1:文件数据”—输入文件名,回车—显示文件中的第1点点名—按[下点]键,(或按[输入]键,另输入所需要的点号;或按[调用]键,显示文件中的数据表,供调用)第1点被设置—显示第2点点名—重复按[下点]键,设置所需要的点号,当设置3个点以上时,即显示相应点所包围的面积。

八、施工放样

(一)在测角模式下测设水平角

按[角度测量]键,进入角度测量模式—仪器照准后视点,按[置零]键,将平盘读数置零—转动照准部使其显示的水平角为设计角值β—将棱镜杆准确地竖立在望远镜视线上,即得所需要测设的β角。

(二)在测距模式下测设距离

按[距离测量]键,进入距离测量模式—按[P1↓]键进入第2页—按[放样]键—按[平距]键,或[高差]键,或[斜距]键,分别选择“平距HD”“高差VD”“斜距SD”作为放样数据—输入放样距离,回车—转动望远镜照准目标棱镜—按[测量]键—显示dSD=(测量距离-设计距离)—移动棱镜杆,再照准棱镜,按[测量]键,直到显示的dSD=0—在地面标定该点位置,即得所需要测设的水平距离。

(三)在放样模式下进行坐标放样

1. 建立已知点和放样点坐标文件(用于设置测站点、后视点和调入放样点的坐标)

按[M]键进入菜单模式—选“F3:内存管理”,进入2/3页—按“F1:输入坐标”—输入新的坐标文件名或调用老文件,回车—输入点名、编码,再输入坐标,回车—继续下一点输入—输入完毕按[ESC]键结束。

2. 设置测站点

按坐标放样键[S. O],进入坐标放样菜单第2/2页—选“F1:选择文件”,可直接输入坐标文件名,也可按[调用],显示坐标文件,供选择,回车—进入坐标放样菜单第1/2页—选“F1:输入测站点”—输入测站点名—显示该点坐标,OK?按[是]键(说明:如果不用坐标文件,也可以在输入测站点时按[坐标]键,直接由键盘输入测站点的坐标,回车)—进入“输入仪高”界面,输入仪器高,回车—返回坐标放样菜单第1/2页。

3. 设置后视点

进入坐标放样菜单第1/2页—选“F2:输入后视点”—输入后视点名—显示该点坐标,OK?按[是]键—仪器自动计算并显示后视方位角—转动望远镜照准后视点—>照准?按[是]键—返回坐标放样菜单第1/2页。(说明:如果不用坐标文件,可以在输入后视点时按[坐标]键,直接由键盘输入后视点的坐标,回车,或者在测角模式下,先照准后视点,按[置盘]键,直接由键盘输入角度,使HR=后视方位角,回车确认,再按[S. O]键,回到坐标放样菜单第1/2页。)

4. 实施放样

进入坐标放样菜单第1/2页—选“F3:输入放样点”—输入放样点名,回车—输入棱镜高,回车—显示计算的放样点方位角 HR 和水平距离 HD—转动望远镜照准棱镜—按[继续]键—显示 dHR = 实测方位角 - 应有方位角—左右移动棱镜杆并再照准,直至 dHR = 0°00′00″—再次照准棱镜—按[距离]键—显示 dHD = 实测水平距离 - 应有水平距离,dZ = 实测高差 - 应有高差—前后移动棱镜并再照准—按[测量]键,直至dHR = 0°00′00″,dHD = 0,dZ = 0—按[坐标]键,显示该点坐标,用于检核—按[换点]键,进入下一点的放样—按[ESC]键结束。(说明:如果不用坐标文件,也可以在输入放样点时按[坐标]键,直接由键盘输入放样点的坐标,回车。)

九、数据采集

(一)数据采集文件和坐标文件的选择

按[M]键进入菜单模式—选"F1:数据采集"—输入文件名创建一个测量数据的采集文件,或再按[调用]键,通过查找调用一个测量数据文件(.RAW 文件),如需调用坐标文件作为输入测站点或后视点坐标用,则在选"F1:数据采集"后—再在数据采集菜单第 1/2 页按[F4]键选择坐标文件—输入文件名,创建一个坐标文件或再按[调用]键,调用一个坐标文件(.PTS 文件)。

(二)设置测站点、后视点

进入数据采集菜单第 1/2 页后,调用坐标数据文件的方法与上述"在放样模式下测定新点坐标"相同,按"F1:输入测站点"—输入测站点名—显示测站点已知坐标,按[ENT]键确认—输入测站点编码、仪高—按[记录]键—按[是]键,返回数据采集菜单—按"F2:输入后视点"—输入后视点名—按[确认]键—输入后视点编码、镜高—按[测量]键—转动望远镜照准后视点—选择测量模式,如选择[坐标]键,进行测量—按[是]键,记录数据,返回数据采集菜单第 1/2 页。在数据采集中,测量文件存入的测站数据有点号、标识符和仪器高;而坐标文件中仅存入测站的坐标,若在内存中找不到指定的点,则显示"点名错误"。

(三)进行待测点测量,并存储数据

进入数据采集菜单第 1/2 页后,按"F3:测量"进入待测点测量—按[输入]键,输入待测点点名、编码、棱镜高,按[ENT]键确认—按"F3:测量"—照准目标点—选择测量模式,如选择[坐标]键,开始测量—按[记录]键,数据被存储—进入下一个待测点的数据输入、照准—按[同前]键与上一点相同的方法进行测量和数据存储—所有待测点测量完毕,按[ESC]键结束数据采集。

(四)数据采集参数设置

在数据采集模式下可以进行测距模式、测量次数、存储设置及数据采集设置等参数设置(见主菜单"数据采集"之三级菜单)。

十、数据通信

首先检查通信电缆连接是否正确,微机与全站仪的通信参数设置是否一致。

按[M]键进入菜单模式—选"F3:内存管理"—进入 3/3 页,选"F1:数据传输"—选择数据传输方式:"F1:通过 RS - 232"/"F2:通过 USB"—之后执行以下操作。

(一)发送数据

选“F1:发送数据”—选择发送数据类型—“F1:测量数据”/“F2:坐标数据”—输入待发送文件名,按[ENT]键确认—按[是]键,发送数据;按[停止]键,可取消发送。

(二)接收数据

选“F2:接收数据”—选择接收数据类型—“F1:坐标数据”/“F2:编码数据”/“F3:水平定线数据”/“F4:垂直定线数据”—输入待接收新文件名,按[ENT]键确认—按[是]键,接收数据;按[停止]键,可取消接收。

(三)通信参数设置

选“F3:通信参数”—设置通信参数:

F1 波特率,增、减选择项有 1200、2400、4800、9600、19200、38400、57600、115200 ;

F2 字符校验,选择项有:F1:7 位偶校验,F2:7 位奇校验,F3:8 位无校验;

F3 通信协议,选择项有:F1:有应答,F2:无应答。

按[ESC]键取消设置,关机后设置被保存。

十一、文件操作

(一)将文件从 SD 卡导入当前工作内存

按[M]键进入菜单模式—选“F3:内存管理”—进入 3/3 页,选“F2:文件操作”—选“F1:SD 卡→工作内存”—选择 SD 卡上的一个文件(.TXT),按[ENT]键确认—选择“导入文件类型”(“F1:坐标文件”/“F2:水平定线文件”/“F3:垂直定线文件”)—输入导入文件名,按[ENT]键确认—进行文件转换—完成后返回文件操作界面。

(二)将文件从当前工作内存导入 SD 卡

按[M]键进入菜单模式—选“F3:内存管理”—进入 3/3 页,选“F2:文件操作”—选“F2:工作内存→SD 卡”—选择内存“输出文件类型”(“F1:*.DAT”/“F2:*.TXT)—输入导入文件名,按[ENT]键确认—进行文件转换—完成后返回文件操作界面。

十二、数据初始化(清零)

按[M]键进入菜单模式—选“F3:内存管理”—进入 3/3 页,选“F3:初始化”—选择待初始化的“数据类型”(“F1:文件数据”/“F2:所有文件”/“F3:编码数据”)—按[是]键进行初始化(测站点坐标、仪器高、棱镜高不会被初始化)。

十三、主要技术指标

角度测量精度:2″级。

距离测量精度:$\pm(3+2\times10^{-6}\times D)$ mm。

测程:单棱镜 1.8 km,三棱镜 2.6 km。

连续测量时间:5 ~ 6 h。

望远镜:放大倍率 30 倍,视距乘常数 100,视距加常数 0。

补偿器:补偿范围 ±3′。

工作温度:-20 ~ +45 ℃。

附录三　南方测绘 NTS－3400 系列全站仪使用简要说明

一、仪器部件

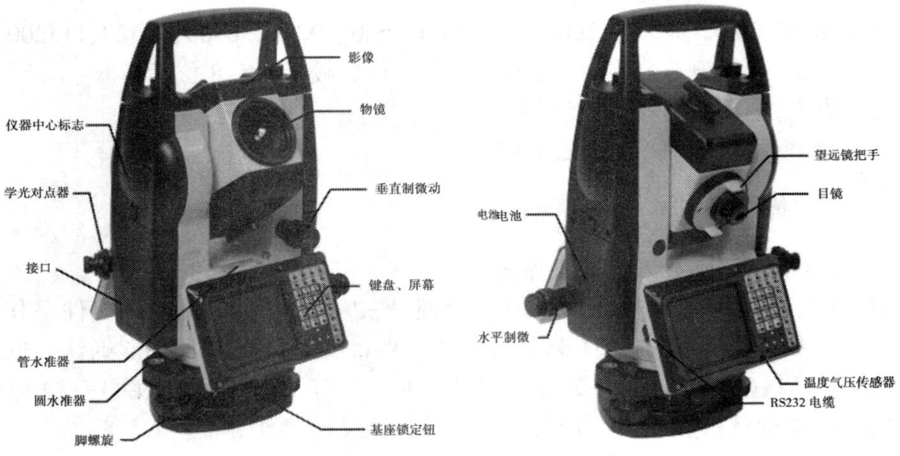

图 S27　　南方测绘 NTS－3400 系列全站仪部件

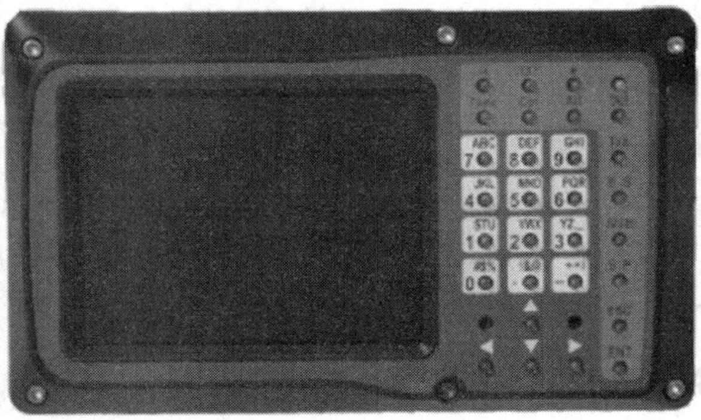

图 S28　显示窗和操作键

二、操作键

按 键	功能
α	输入字符时，在大小写输入之间进行切换
[⊡]	打开软键盘

按 键	功能
★	打开和关闭快捷功能菜单
⏻	电源开关,短按切换不同标签页,长按开关电源
Func	功能键
Ctrl	控制键
Alt	替换键
Del	删除键
Tab	使屏幕的焦点在不同的控件之间切换
B·S	退格键
Shift	在输入字符和数字之间进行切换
S·P	空格键
ESC	退出键
ENT	确认键
▲▼◀▶	在不同的控件之间进行跳转或移动光标
0—9	输入数字和字母
—	输入负号或其他字母
·	输入小数点

三、显示符号

显示符号	内容
V	垂直角(设置水平为0)或天顶距(设置天顶为0)
V%	垂直角(坡度显示)
HR	水平角(右角,即自起始方向顺时针增大的角)
HL	水平角(左角,即自起始方向逆时针增大的角)
HD	水平距离
VD	高差(仪器中心至棱镜中心)
SD	倾斜距离
N	北向坐标(X)
E	东向坐标(Y)
Z	高程(H)
m	以米为距离单位
ft	以英尺为距离单位

显示符号	内容
dms	以度分秒为角度单位
gon	以哥恩为角度单位
mil	以密为角度单位
PSM	棱镜常数(以 mm 为单位)
PPM	大气改正值
PT	点名

四、项目管理

每个项目对应一个文件,必须先建立一个项目才能进行测量和其他操作,默认系统将建立一个名为 default 的项目,每次开机将默认打开上次关机打开的项目。

项目中将保存测量和输入的数据,可以通过导入或者导出将数据导入到项目或者从项目中导出。

项目管理菜单:

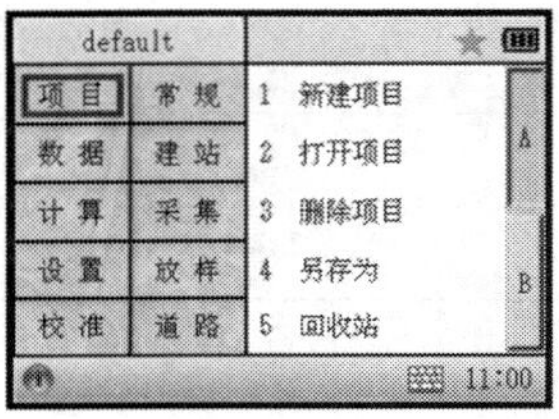

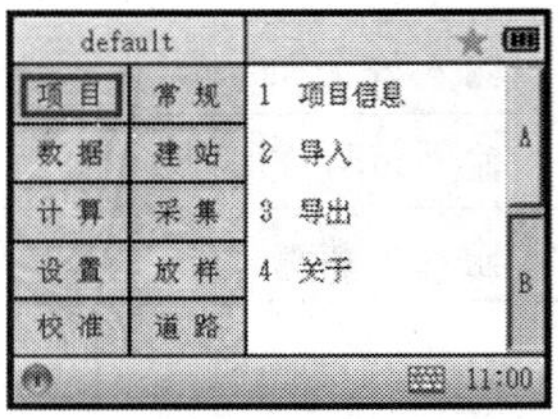

五、数据管理

可以对当前项目中的数据进行查看、添加、删除、编辑等操作。

数据管理菜单:

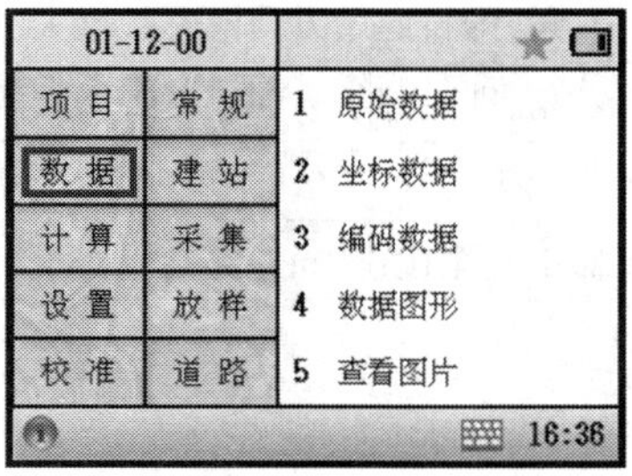

六、计算程序

通过计算程序通用计算和测量,并可对计算结果进行保存。

计算程序菜单：

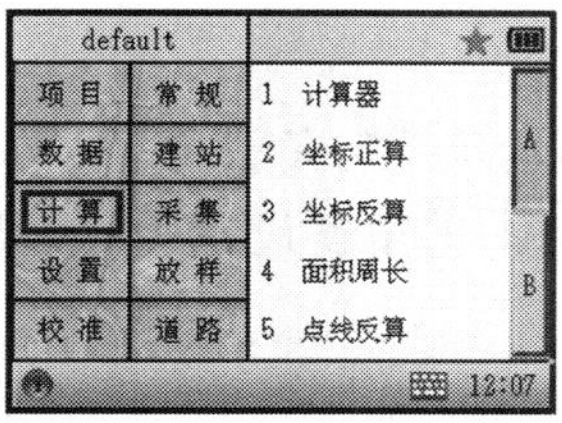

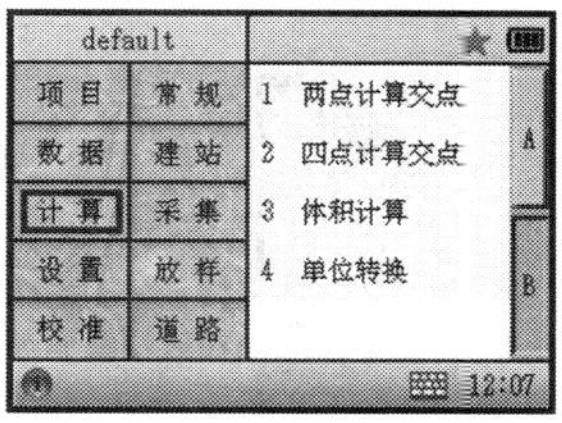

七、设置

设置分为两类：第一类是和项目相关的设置，修改这些设置只会影响到当前的项目。第二类是和项目无关的设置，修改会影响到所有的项目。

设置程序菜单：

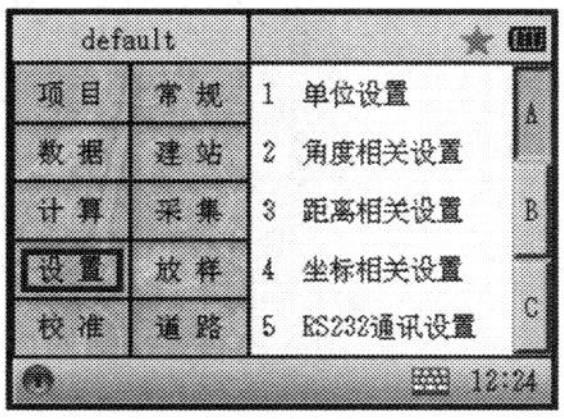

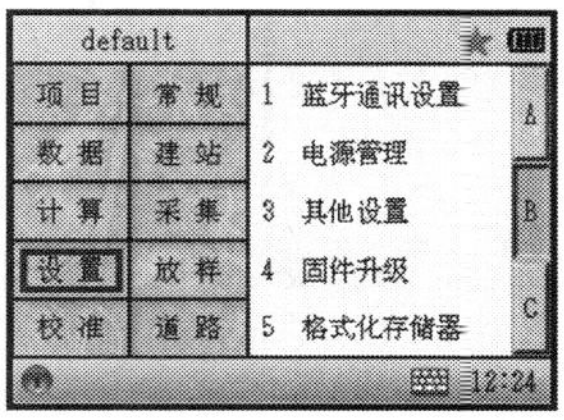

八、仪器校准

仪器校准程序菜单：

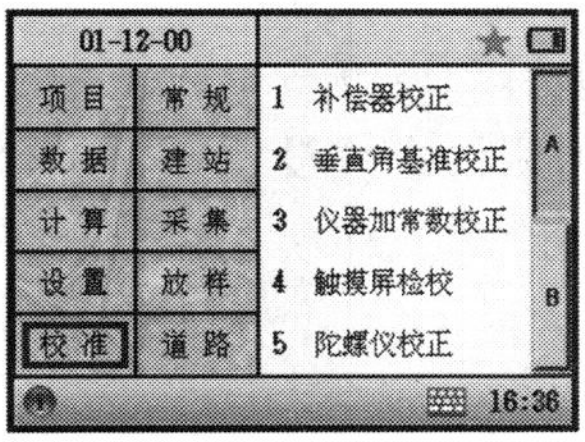

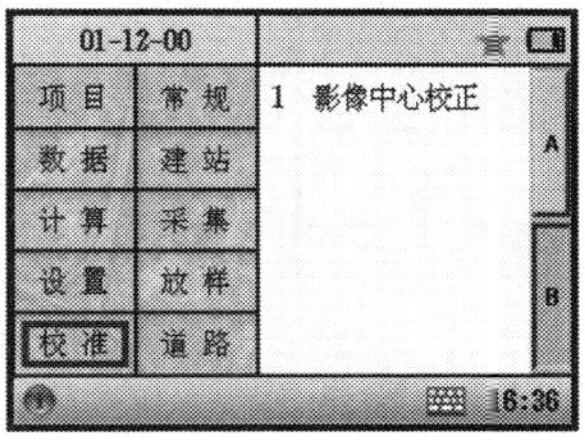

九、常规测量

常规测量包括角度测量、距离测量和坐标测量。

常规测量程序菜单：

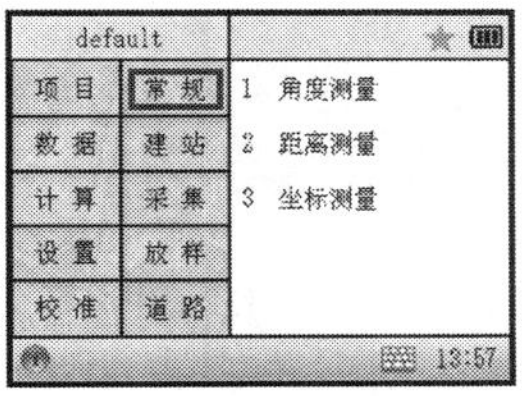

9.1 角度测量

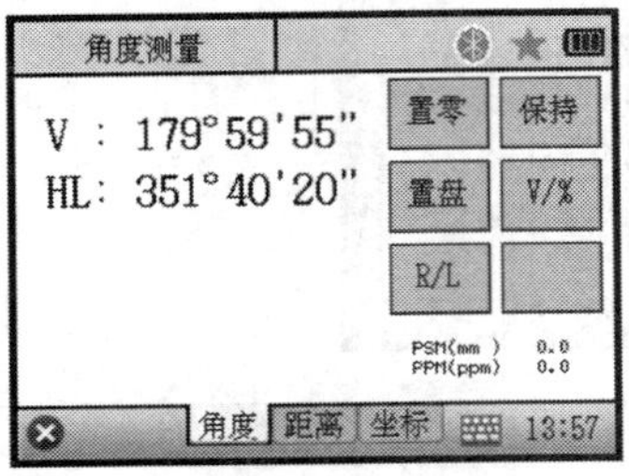

◆V:显示垂直角度

◆HR 或者 HL:显示水平右角或者水平左角

◆[置零]:将当前水平角度设置为零,设置后将需要重新进行后视设置

◆[保持]:保持当前角度不变,直到释放为止

◆[置盘]:通过输入设置当前的角度值,设置后将需要重新设置后视

●置盘界面

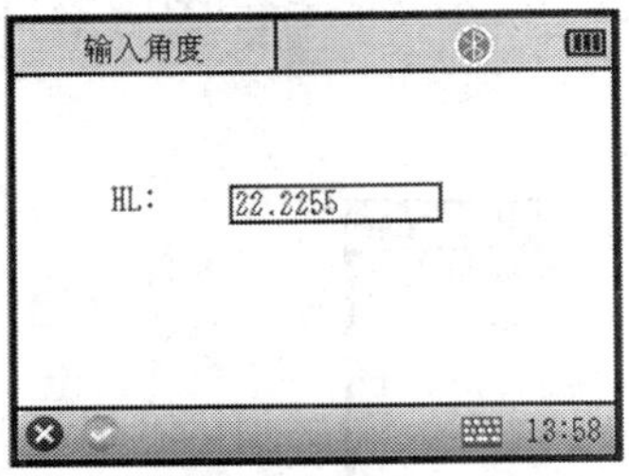

◆HR:输入水平角度值

◆[v/%]:垂直角显示在普通和百分比之间进行切换

◆[R/L]:水平角显示在左角和右角之间转换

9.2 距离测量

●距离测量界面

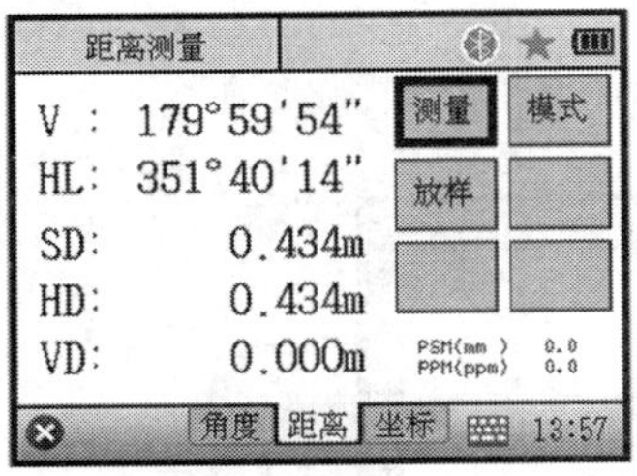

◆SD:显示斜距值

◆HD:显示水平距离值

◆VD:显示垂直距离值

◆[测量]:开始进行距离测量

◆[模式]:进入到测量模式设置(具体操作见设置部分)

◆[放样]:进入到距离放样模式

●输入距离放样值界面

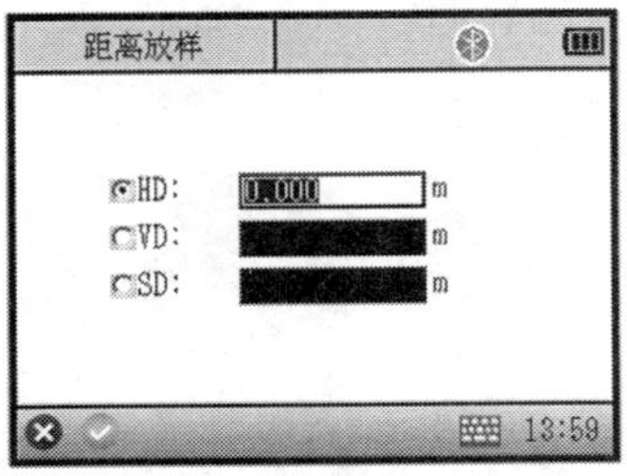

◆[HD]:输入要放样的水平距离

◆[VD]:输入要放样的垂直距离

◆[SD]:输入要放样的倾斜距离

9.3 坐标测量

根据建站设定的测站点和后视点(或后视方向),以及输入的仪器高和目标高,运用极坐标法测定目标点的平面坐标和运用三角高程测量法测定同一目标点的高程,为坐标测量。

●坐标测量界面

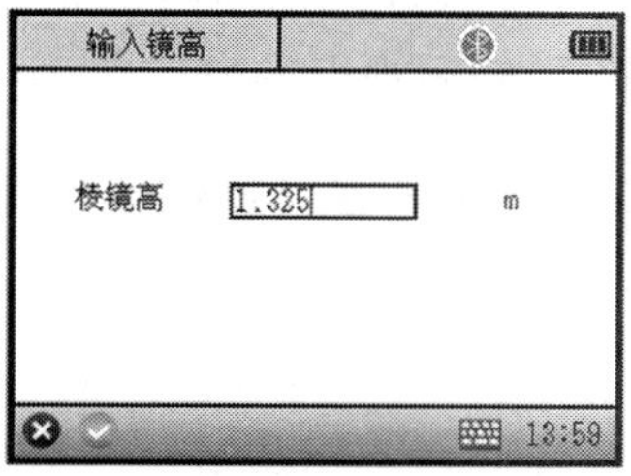

◆棱镜高:输入当前的棱镜高

◆[仪高]:进入输入仪器高度界面,设置后需要重新定后视

●输入仪器高界面

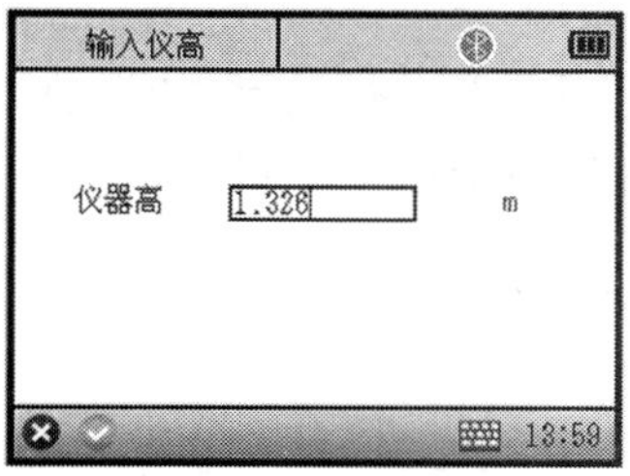

◆仪器高:输入当前的仪器高

◆[测站]:进入到输入测站坐标的界面,设置后需要重新定后视

●输入测站坐标界面

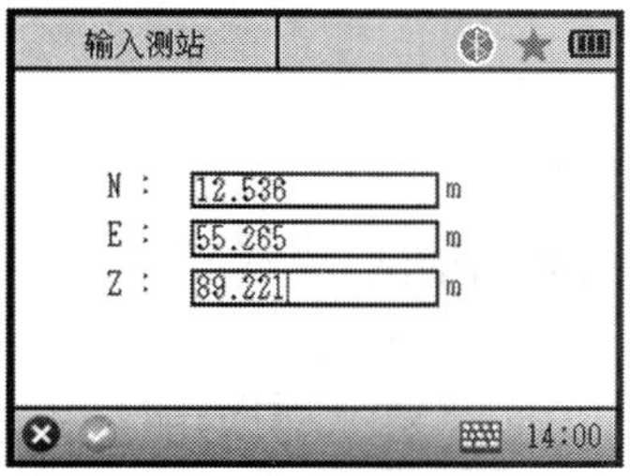

◆N:输入测站 N 坐标

◆E:输入测站 E 坐标

◆Z:输入测站高程

十、建站

在进行测量和放样之前都要进行已知点的建站工作。

建站程序菜单:

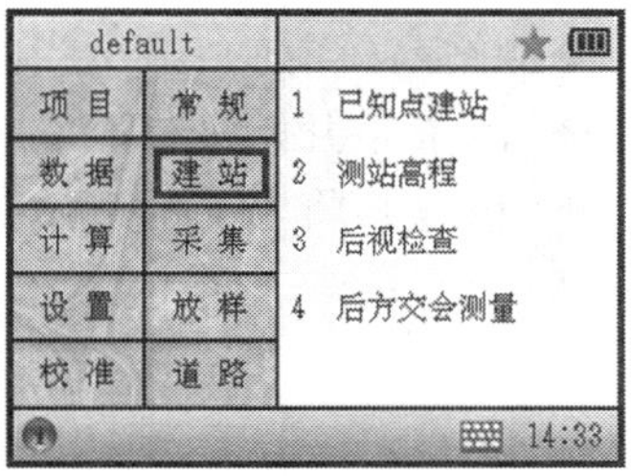

10.1 已知点建站

●通过已知点进行后视的设置，设置后视有两种方式，一种是通过已知的后视点，一种是通过已知的后视方位角，在其后按符号即可切换为输入已知后视点的方式。

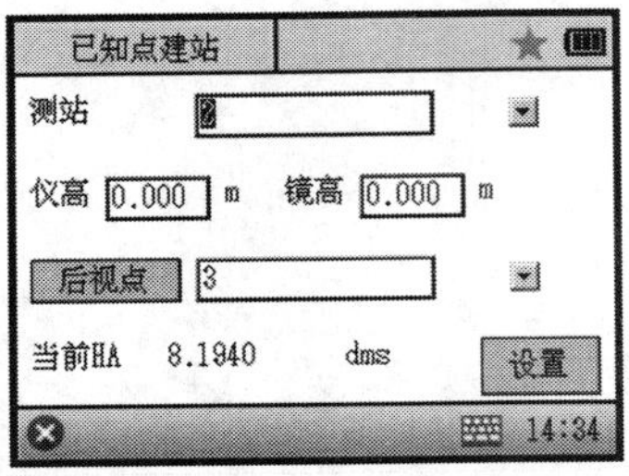

◆测站：输入已知测站点的名称，通过以调用或新建一个已知点做为测站点

◆仪高：输入当前的仪器高

◆镜高：输入当前的棱镜高

◆后视点：输入已知后视点的名称，通过可以调用或新建一个已知点做为后视点

◆当前 HA：显示当前的水平角度

◆设置：根据当前的输入对后视角度进行设置，如果前面的输入不满足计算或设置要求，将会给出提示

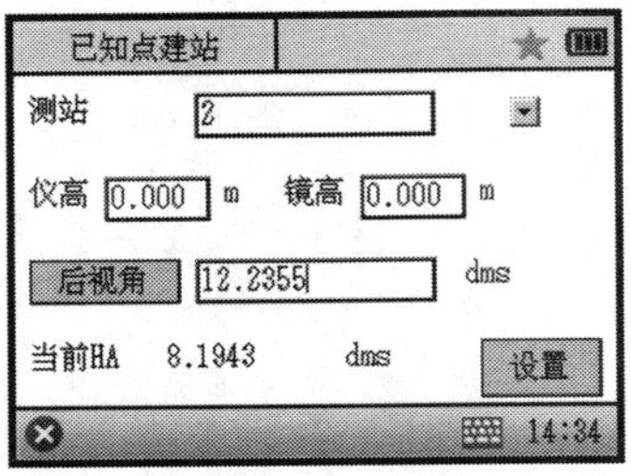

●通过直接输入后视角度来设置后视

◆后视角：输入后视角度值

所需数据输入后，转动望远镜照准后视点，按设置。

10.2 测站高程

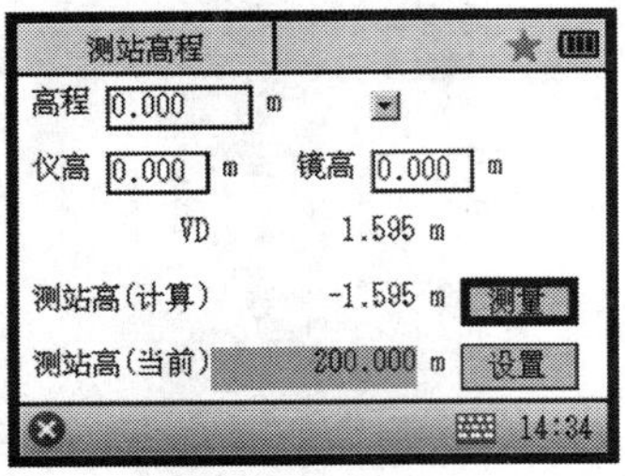

●通过测量一已知高程点来得到当前测站点的高程

●必须先进行设站才能进行测站高程的设置

◆高程：输入已知点高程，可以通过得到调用已知点的高程

◆镜高：当前棱镜的高度

◆仪高：当前仪器的高度

◆VD：显示当前的垂直角

◆测站高（计算）：显示根据测量结果计算得到的测站高

◆测站高（当前）：显示当前的测站高

◆［测量］：开始进行测量，并且会自动计算测站高

◆［设置］：将当前的测站高设置为测量计算得出的测站高

10.3 后视检查

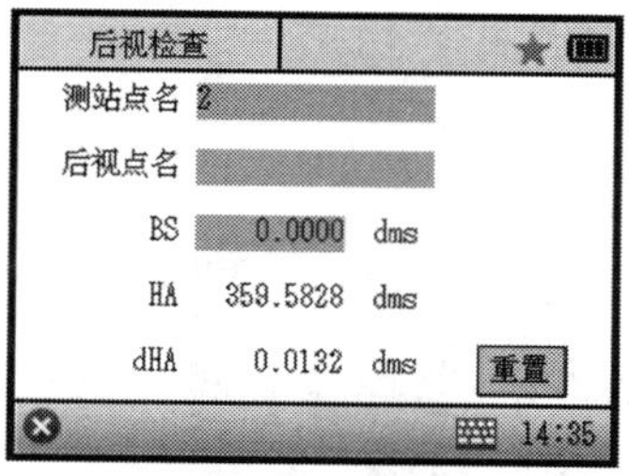

●检查当前的角度值与设站时的方位角是否一致

●必须先进行设站才能进行后视检查

◆测站点名:显示测站点名

◆后视点名:显示后视点的点名,如果通过输入后视角度的方式得到的点名此处将显示为空

◆BS:显示设置的后视点名

◆HA:显示当前的水平角

◆dHA:显示 BS 和 HA 两个角度的差值

◆[重置]:将当前的水平角重新设置为后视角度值

10.4 后方交会测量

瞄准 3 个以上的已知点,进行角度测量,或者瞄准两个以上的已知点进行距离测量,由仪器自动计算得到测站点的坐标,称为后方交会测量。

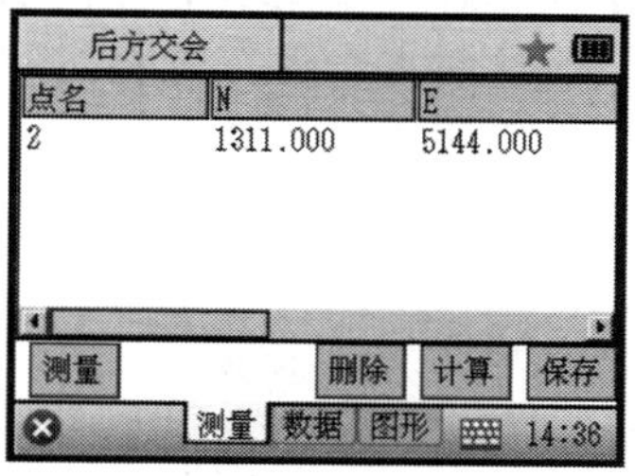

●如果测量的第一个点与第二个点之间的角太小或太大,其计算成果的几何精度会较差,所以要选择已知点与站点之间构成较好的几何图形

●对于后方交会最少的数据为三个角度观测或两个距离观测

●基本上,测站点高程是由测距数据计算的,但是如果没有进行距离测量,则高程仅由对已知坐标点的测角所定

◆列表:显示当前已经测量的已知点结果

◆[测量]:进入到测量已知点的界面

◆[删除]:删除一个选定的已测已知点

◆[计算]:对当前已经测量的已知点进行计算,得出测站点的坐标

◆[保存]:将计算结果进行保存,用于建站

◆{数据}:显示计算的结果

◆{图形}:对当前列表内的测量结果进行显示

●测量已知点的界面

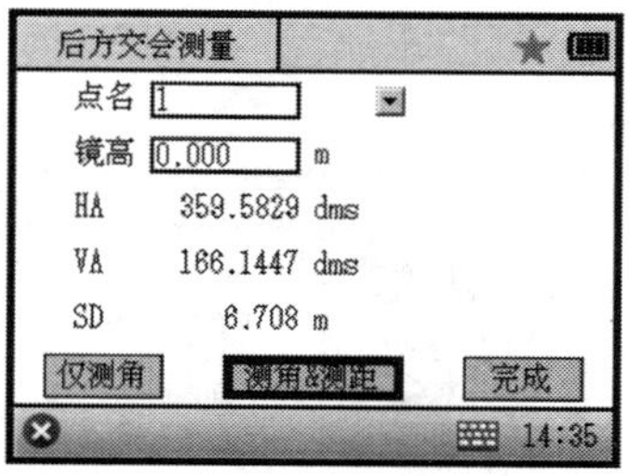

◆点名:输入一个已知点的点名

◆镜高:输入当前棱镜的镜高

◆HA:显示测量的角度结果

◆VA:显示测量的垂直角度值

◆SD:显示测量的斜距值

◆[仅测角]:只测量角度

◆[测角 & 测距]:测角并测距

◆[完成]:完成测量,保存当前的测量结果,返回到上一界面

十一、数据采集

设站后,通过数据采集程序即可进行数据采集测量。

数据采集菜单 A、B:

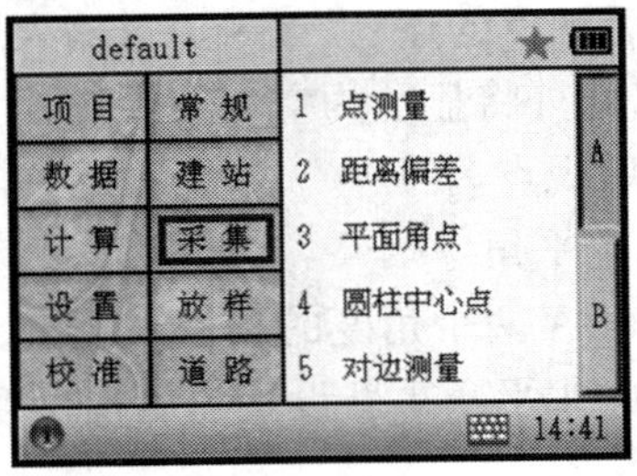

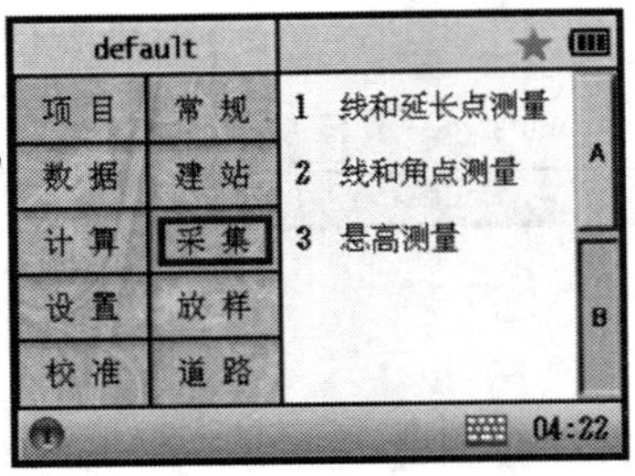

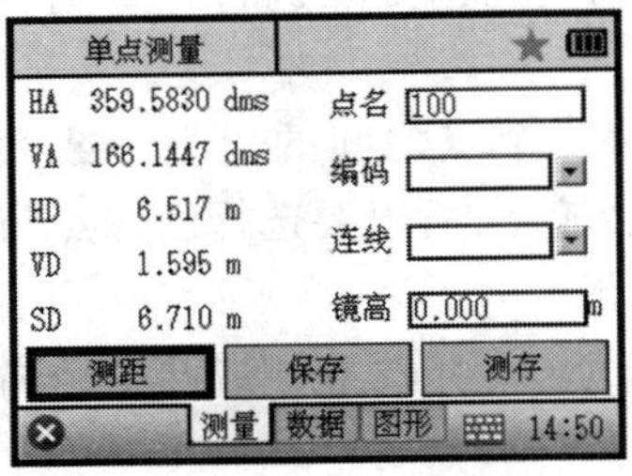

●点击测距键后,改变垂直角中仪器将按照测量的水平距离及垂直角重新计算 VD 及 Z 坐标,改变水平角将根据水平距离重新计算 N、E 坐标,这时点击保存键将按照重新计算的结果进行保存

◆HA:显示当前的水平角度值

◆VA:显示当前的垂直角度值

◆HD:显示测量的水平距离值

◆VD:显示测量的垂直距离值

◆SD:显示测量的斜距

◆点名:输入测量点的点名,每次保存后点名自动加 1

◆编码:输入或调用测量点的编码

◆连线:输入一个已知点的点名,程序将把当前点与该点连线,并在图形界面中显示,每次改变编码后,将自动显示前几个相同编码的点

◆镜高:显示当前的棱镜高度

◆[测距]:开始进行测距

◆[保存]:对上一次的测量结果进行保存,如果没有测距,则只保存当前的角度值

◆[测存]:测距并保存

◆{数据}:显示上一次的测量结果

◆{图形}:显示当前坐标点的

十二、放样

放样之前需进行设站,放样界面菜单:

放样界面菜单:

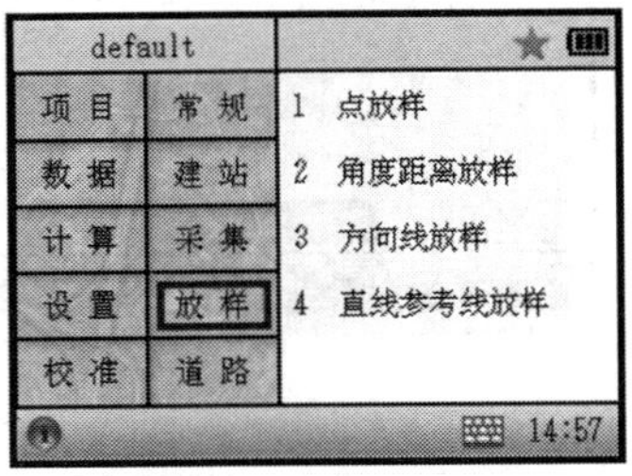

12.1 点放样

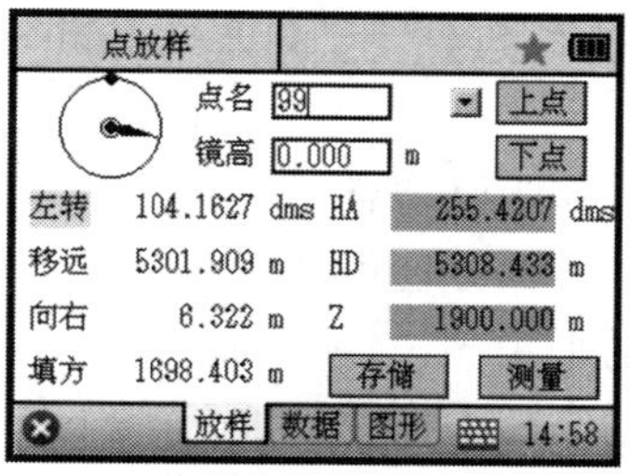

●调用一个已知点进行放样

◆点名:放样点的点名

◆镜高:当前的棱镜高

◆ ▼:调用或者新建一个放样点

◆[上点]:当前放样点的上一点,当是第一个点时将没有变化

◆[下点]:当前放样点的下一点,当是最后一个点时将没有变化

◆正确:当前值为正确值

◆左转、右转:仪器水平角应该向左或者向右旋转的角度

◆移近、移远:棱镜相对仪器移近或者移远的距离

◆向右、向左:棱镜向左或者向右移动的距离

◆挖方、填方:棱镜向上或者向下移动的距离

◆HA:放样的水平角度

◆HD:放样的水平距离

◆Z:放样点的高程

◆[存储]:存储前一次的测量值

◆[测量]:进行测量

◆{数据}:显示测量的结果

◆{图形}:显示放样点、测站点、测量点的图形关系

12.2 角度距离放样

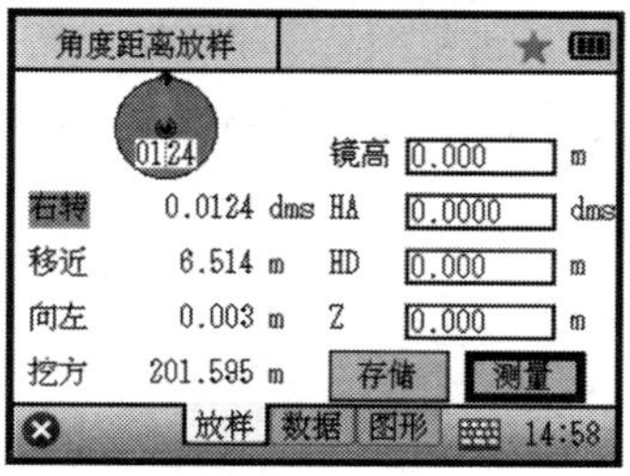

●通过输入测站与待放样点间的距离、角度及高程值进行放样

◆镜高:当前的棱镜高

◆正确:当前值为正确值

◆左转、右转:仪器水平角应该向左或者向右旋转的角度

◆移近、移远:棱镜相对仪器移近或者移远的距离

◆向右、向左:棱镜向左或者向右移动的距离

◆挖方、填方:棱镜向上或者向下移动的距离

◆HA:输入放样的水平角度

◆HD:输入放样的水平距离

◆Z:放样点的高程

◆[存储]:存储前一次的测量值

◆[测量]:进行测量

◆{数据}:显示测量的结果

◆{图形}:显示放样点、测站点、测量点的图形关系

12.3 方向线放样

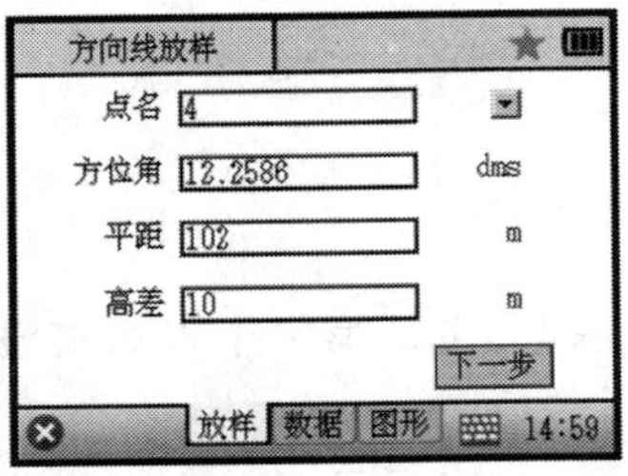

●通过输入和一个已知点的方位角、平距、高差来得到一个放样点的坐标进行放样

◆点名:输入或者调用一个点作为已知点

◆方位角:从已知点到待放样点的方位角

◆平距:待放样点与已知点的平距

◆高差:待放样点与已知点的高差

◆[下一步]:完成输入,进入下一步的放样的操作

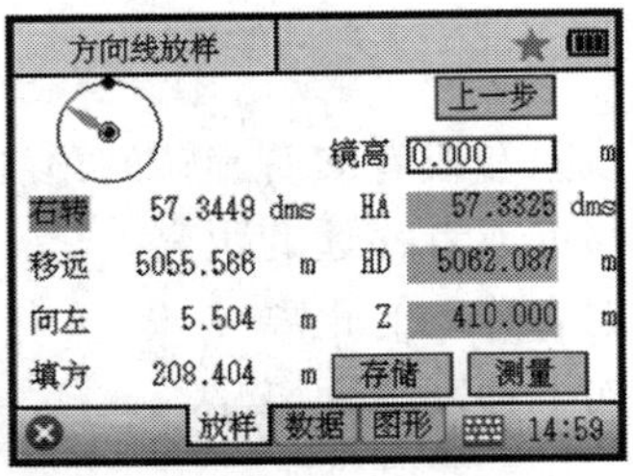

◆[上一步]:返回上一步中输入界面

●其他见点放样中的说明

12.4 直线参考线放样

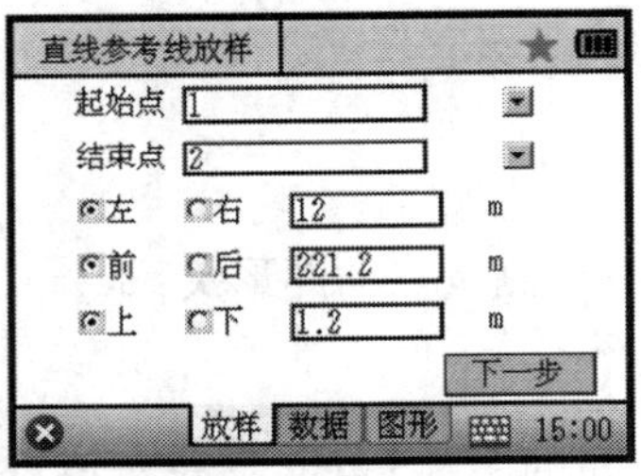

●通过两个已知点,及输入与这两个点形成的直线的三个偏差距离来计算得到待放样点的坐标

◆起始点:输入或者调用一个已知点作为起始点

◆结束点:输入或者调用一个已知点作为结束点

◆左、右:向左或者向右偏差的距离

◆前、后:向前或者向后偏差的距离

◆上、下:向上或者向下偏差的距离

◆[下一步]:根据上面的输入计算出放样点的坐标进入下一步的放样界面

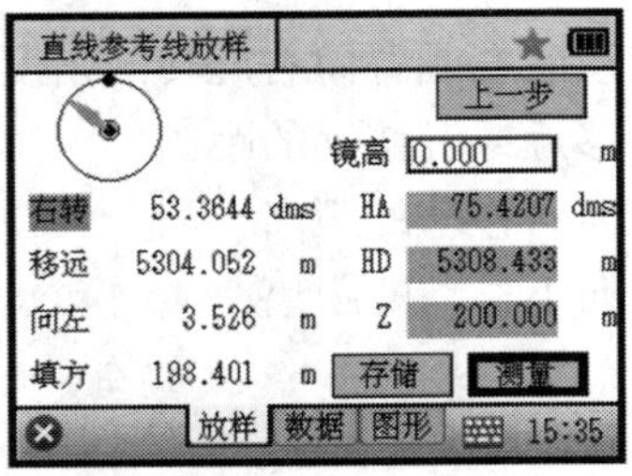

◆[上一步]:返回上一步中输入界面

●其他见点放样中的说明

十三、注意事项

(1)仪器可以采用光学对电器对中,也可以点击★键,打开激光对点器对中,按 ESC 键,激光器自动关闭。

(2)屏幕如显示电子气泡,说明仪器竖轴倾斜已超出 ±4′,应重新整平仪器。

(3)距离测量和坐标测量时，可以采用棱镜、发射片及无棱镜三种反射形式，但无棱镜反射的测距精度较差。

(4)测量垂直角时，V可设置为垂直角(设置水平为0)或天顶距S(设置天顶为0)，垂直角和天顶距的关系式为：盘左$V=90°-S$，盘右$V=S-270°$。

(5)可以通过触摸笔对控件进行点击操作，ESC键对应屏幕中的×按钮，按下即返回到上一页面，ENT键对应屏幕中的√按钮，按下即保存当前页面的设置及修改。

(6)数据输入时，需要按ENT键进行确认；建站时，输入后视点坐标或后视方向值并照准后视点之后，需按设置，予以确认。

(7)除了在常规测量界面下，其他角度的显示和输入格式为度、分、秒。

(8)输入数据时按Shift键，可以在字符和数字之间进行切换。

(9)进行数据采集过程中，不应不关机就拔下电池，否则测量数据将会丢失。当显示"电池电量不足"时，应及时更换电池或对电池进行充电。

(10)不要用眼睛盯住激光束或将激光束直接指向他人，应防止激光束或强烈的反射光射入眼睛，以免造成伤害。

附录四　单一导线近似计算的 Visual Basic 程序

一、数据输入窗口（用户界面）设计

数据输入窗口（用户界面）设计见图 S29。

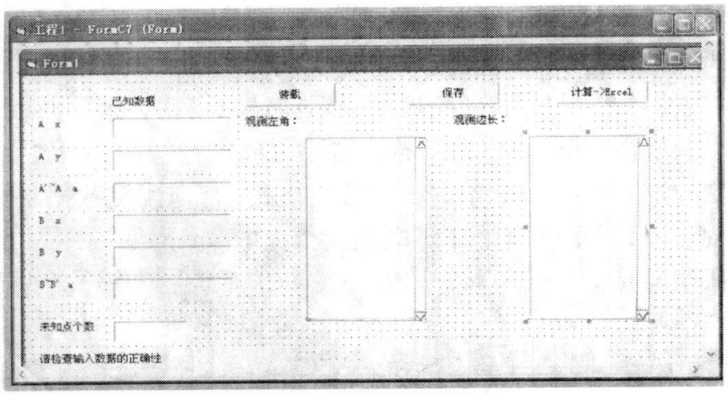

图 S29　数据输入窗口（用户界面）设计

二、数据输入窗口控件及其标题、名称属性和作用设计说明

对象	标题	Caption（名称）	作用	说明
窗体	Form1	单一导线数据输入	用户输入界面	
标签	Label1	已知数据		
	Label2	观测左角		
	Label3	观测边长		
	Label4	A（点）x		
	Label5	A（点）y		
	Label6	A'—A（方位角）角 a		
	Label7	B（点）x		
	Label8	B（点）y		
	Label9	B—B'（方位角）角 a		
	Label10	未知点个数		
	Label11	请检查输入数据正确性		
文本框	Text1 ~ Text6		输入已知数据	单行左对齐输入
	TDS		输入未知点个数	单行左对齐输入
	TSS		输入观测左角	多行左对齐输入
	TBB		输入边长	多行左对齐输入
命令	Command1	装载	将数据装入数组	
	Command2	保存	将数据存入文件	
	Command3	计算 - > Excel	计算并送 Excel	

三、程序代码

```
Dim gsl As String, gs2 As String
Const pi As Double = 3.1415926535
Private Sub Form_Load()
celgs1 = "0.###": gs2 = "0.#####"
End Sub
Private Sub Command2_Click()
ff$ = "C:\Documents and Settings\AdminisTrator\桌面\DD.txt"
n1 = FreeFile: Open ff For Output As #n1
Print #n1, tDS.Text
Print #n1, Text1(0).Text; ",";
Print #n1, Text1(1).Text; ",";
Print #n1, Text1(2).Text
Print #n1, Text1(3).Text; ",";
Print #n1, Text1(4).Text; ",";
Print #n1, Text1(5).Text
s1 = Replace(tBB.Text, " ", "")
s1 = Replace(s1, vbCrLf, " ")
s1 = Replace(Trim$(s1), " ", ",")
Print #n1, s1
s1 = Replace(tSS.Text, " ", "")
s1 = Replace(s1, vbCrLf, " ")
s1 = Replace(Trim$(s1), " ", ",")
Print #n1, s1
Close #n1
Label12.Caption = "输入数据已保存于 DD.txt 文件中"
End Sub
Private Sub Command1_Click()
ff = "C:\Documents and Settings\AdminisTrator\桌面\DD.txt"
n1 = FreeFile: Open ff For Input As #n1
Input #n1, ds
tDS.Text = ds
Input #n1, xA, yA, aA
Text1(0).Text = xA
Text1(1).Text = yA
Text1(2).Text = aA
Input #n1, xB, yB, aB
Text1(3).Text = xB
Text1(4).Text = yB
Text1(5).Text = aB
Line Input #n1, s$
s = Replace(s$, " ", "")
s = Replace(s$, ",", vbCrLf)
tBB.Text = s
Line Input #n1, s$
```

```
s = Replace(s$, " ", "")
s = Replace(s$, ",", vbCrLf)
tSS.Text = s
'Line Input #n1, S$
If Not EOF(n1) Then MsgBox "数据文件格式有误!"
Close #n1
End Sub
Private Sub Command3_Click()
ds = Val(tDS.Text) + 2
If ds < 2 Then MsgBox "未知点数目有误", vbExclamation: Exit Sub
ReDim dx(0 To ds - 1) As Double, dy(0 To ds - 1) As Double
ReDim a(0 To ds - 1) As Double
'ReDim bi(0 To ds) As Double
'ReDim si(0 To ds - 2) As Double
s1 = Replace(tSS.Text, " ", "")
s1 = Replace(s1, vbCrLf, " "): s1 = Trim$(s1)
bi = Split(s1, " ")
If UBound(bi) <> ds - 1 Then
MsgBox "观测角数有误", vbExclamation: Exit Sub
End If
s1 = Replace(tBB.Text, " ", "")
s1 = Replace(s1, vbCrLf, " "): s1 = Trim$(s1)
si = Split(s1, " ")
If UBound(si) <> ds - 2 Then
MsgBox "观测边数有误", vbExclamation: Exit Sub
End If
xA = Val(Text1(0).Text)
yA = Val(Text1(1).Text)
aA = Val(Text1(2).Text)
xB = Val(Text1(3).Text)
yB = Val(Text1(4).Text)
aB = Val(Text1(5).Text)
hb = 0
fw = DEG(aA)
For ir = 0 To ds - 1
b1 = DEG(Val(bi(ir)))
hb = hb + b1
fw = fw + b1 - pi
If fw > 2 * pi Then
fw = fw - 2 * pi
ElseIf fw < 0 Then
fw = fw + 2 * pi
End If
Next
```

```
fb = fw - DEG(aB)
fb = Int(fb * 180# * 36000 / pi) / 10
fen = -fb / ds
fw = DEG(aA)
For ir = 0 To ds - 1
b1 = DEG(bi(ir)) + fen / 206265
fw = fw + b1 - pi
If fw > 2 * pi Then
fw = fw - 2 * pi
ElseIf fw < 0 Then
fw = fw + 2 * pi
End If
a(ir) = DMS(fw)
Next ir
hx = 0: hy = 0: hs = 0
For ir = 0 To ds - 2
a1 = DEG(a(ir))
dx(ir) = si(ir) * Cos(a1)
dy(ir) = si(ir) * Sin(a1)
hs = hs + si(ir)
hx = hx + dx(ir): hy = hy + dy(ir)
Next ir
fx = xA + hx - xB
fy = yA + hy - yB
fs = Sqr(fx * fx + fy * fy)
If fs < 0.000001 Then fs = 0.000001
For ir = 0 To ds - 2
dx(ir) = dx(ir) - fx * si(ir) / hs
dy(ir) = dy(ir) - fy * si(ir) / hs
Next
x = xA: y = yA
For ir = 1 To ds - 2
x = x + dx(ir - 1)
y = y + dy(ir - 1)
Debug.Print ir; ","; " x="; Format(x, "######.####"); ","; " y="; Format(y, "######.####")
Next ir
Debug.Print "角度闭合差  fb="; Int(fb + 0.5); "秒"
Debug.Print "坐标增量闭合差  fx="; Format(fx * 1000, "####"); "毫米"
Debug.Print "                fy="; Format(fy * 1000, "####"); "毫米"
Debug.Print "全长闭合差      fs="; Format(fs * 1000, "####"); "毫米"
Debug.Print "导线全长        DD="; Format(hs, "#####.#"); "米"
Debug.Print "全长相对闭合差   K= 1/"; Int(hs / fs / 100) * 100
Debug.Print "End"
p = MsgBox("是否要将计算结果送往 Excel?", 4, "->Excel")
```

```
If p = 7 Then Debug.Print "计算结束!": End
Dim xlApp As Object
Dim xlBook As Object
Dim xls As Object
On Local Error Resume Next
Set xlApp = CreateObject("Excel.Application")
Set xlBook = Nothing
Set xls = Nothing
Set xlBook = xlApp.Workbooks().Add
Set xls = xlBook.Sheets(1)
xls.Name = "单一导线"
With xls
.Range("A1:I1").Merge
.Cells(1, 1).Value = "**单一导线近似计算(" & Date & ")"
.Cells(1, 1).Font.ColorIndex = 5
.Cells(2, 1).Value = "点名"
.Cells(2, 2).Value = "X(北)"
.Cells(2, 3).Value = "Y(东)"
.Cells(2, 4).Value = "观测左角"
.Cells(2, 5).Value = "改正"
.Cells(2, 6).Value = "方位角"
.Cells(2, 7).Value = "观测边长"
.Cells(2, 8).Value = "dX"
.Cells(2, 9).Value = "dY"
cc = 1
.Cells(3, cc).Value = "      A"
.Cells(4, cc).Value = "      A"
For ir = 1 To ds - 2
.Cells(2 * ir + 4, cc).Value = ir
Next
.Cells(2 * ir + 5, cc).Value = "      B"
.Cells(2 * ir + 6, cc).Value = "      B"
For cc = 1 To 5
For ir = 1 To ds
.Range(.Cells(2 * ir + 2, cc), .Cells(2 * ir + 3, cc)).Merge
Next
Next
For cc = 6 To 9
For ir = 0 To ds
.Range(.Cells(2 * ir + 3, cc), .Cells(2 * ir + 4, cc)).Merge
Next
Next
.Rows("3:" & 2 * ir + 5).RowHeight = 10
.Range(.Cells(5, 7), .Cells(2 * ds + 5, 9)).NumberFormatLocal = "0.000"
```

```
.Range(.Cells(4, 2), .Cells(2 * ds + 7, 3)).NumberFormatLocal = "0.000"
.Range(.Cells(4, 4), .Cells(2 * ds + 15, 4)).NumberFormatLocal = "0.0000"
.Range(.Cells(3, 5), .Cells(2 * ds + 7, 5)).NumberFormatLocal = "0.0"
.Range(.Cells(3, 6), .Cells(2 * ds + 9, 6)).NumberFormatLocal = "0.0000"
cc = 4
For ir = 1 To ds
.Cells(2 * ir + 2, cc).Value = Format$(bi(ir - 1), gs1)
Next
cc = 5
For ir = 1 To ds
.Cells(2 * ir + 2, cc).Value = fen
Next
cc = 6
For ir = 1 To ds - 1
.Cells(2 * ir + 3, cc).Value = a(ir - 1)
Next
.Cells(3, cc).Value = aA
.Cells(2 * ir + 3, cc).Value = aB
cc = 7
For ir = 1 To ds - 1
.Cells(2 * ir + 3, cc).Value = si(ir - 1)
Next
cc = 8
For ir = 1 To ds - 1
.Cells(2 * ir + 3, cc).Value = dx(ir - 1)
Next
cc = 9
For ir = 1 To ds - 1
.Cells(2 * ir + 3, cc).Value = dy(ir - 1)
Next
cc = 2: x = xA
For ir = 1 To ds - 2
x = x + dx(ir - 1)
.Cells(2 * ir + 4, cc).Value = x
Next
.Cells(4, cc).Value = xA
.Cells(2 * ir + 4, cc).Value = xB
cc = 3: y = yA
For ir = 1 To ds - 2
y = y + dy(ir - 1)
.Cells(2 * ir + 4, cc).Value = y
Next
.Cells(4, cc).Value = yA
.Cells(2 * ir + 4, cc).Value = yB
```

```
ir = 2 * ds + 5
.Range("A" & ir & ":I" & ir).Merge
ir = ir + 1
.Cells(ir, 3).Value = "Mb="
.Cells(ir, 3).HorizontalAlignment = xlRight
.Cells(ir, 4).Value = DMS(hb)
.Cells(ir, 6).Value = "fb=" & fb & "秒"
.Cells(ir, 7).Value = "Ms=" & hs & "米"
ir = ir + 1
hk = Int(hs / fs / 100) * 100
.Cells(ir, 8).Value = "fx=" & Format(fx, "0.###")
.Cells(ir, 9).Value = "fy=" & Format(fy, "0.###")
.Cells(ir, 6).Value = "fs=" & Format(fs, "0.###")
.Cells(ir, 7).Value = "K= 1/" & Format(hk, "0")
.Cells.HorizontalAlignment = xlRight
.Cells.VerticalAlignment = xlCenter
.Cells.EntireColumn.AutoFit
.PageSetup.Orientation = xlLandscape
.PageSetup.PaperSize = xiPaperA4
.PageSetup.Zoom = False
.PageSetup.FitToPagesWide = 1
.PageSetup.PitToPagesTall = False
.PageSetup.PrintGridlines = True
.PageSetup.CenterHorizontally = True
On Local Error GoTo 0
.Range("B3").Select
End With
xlApp.Application.Visible = True
'xlapp.ActiveWindow.SelectedSheets.PrintPreview
Set xlBook = Nothing
Set xls = Nothing
Set xlApp = Nothing
End Sub
Function DEG(ByVal dfm As Single) As Double
If dfm < 0 Then
'...
End If
x# = dfm + 0.000001
Duo% = Int(x)
fen% = Int((x# - Duo%) * 100)
mm# = (x# - Duo%) * 100 - fen% - 0.0001
mm# = Duo% + fen% / 60 + mm# / 36
DEG = mm# * pi / 180
End Function
```

```
Function DMS(ByVal a As Single) As Double
myd# = a * 180 / pi
Duo% = Int(myd#)
x = (myd# - Duo%) * 60
fen% = Int(x)
m = (x - fen%) * 60
DMS = Format$(((Duo% + fen% / 100 + m / 10000)), "#.00000")
End Function
```

附录五　测量实训作业记录与计算表格

一、水准仪检验和校正记录

日期____天气____专业____年级____班级____小组____观测______记录______检查______第__页

圆水准轴检验和校正绘图说明

项目	整平后圆水准器气泡位置	望远镜转180°后气泡位置
检验时	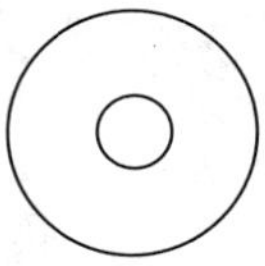	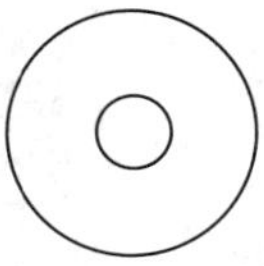
校正后	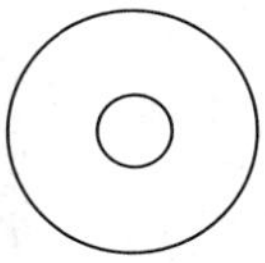	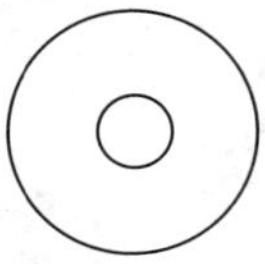

十字丝横丝检验和校正绘图说明

项目	检验时	校正后
点状标志偏离中横丝的情况	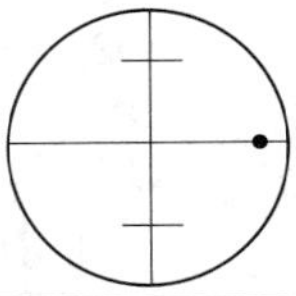	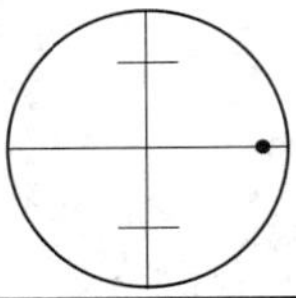

水准管轴检验和校正记录

第1次(校正前)				第2次(校正后)			
测站	点号	读数(m)	高差(mm)	测站	点号	读数(m)	高差(mm)
		$a_1=$	$a_1-b_1=$			$a_1=$	$a_1-b_1=$
		$b_1=$				$b_1=$	
		$a_2=$	$a_2-b_2=$			$a_2=$	$a_2-b_2=$
		$b_2=$				$b_2=$	
$\Delta=\frac{(a_2-b_2)-(a_1-b_1)}{2}$ $=$			$i''=10\times\Delta$ $=$	$\Delta=\frac{(a_2-b_2)-(a_1-b_1)}{2}$ $=$			$i''=10\times\Delta$ $=$

注:表内a_1、b_1、a_2、b_2分别为各四次读数的平均数,水准管轴检验示意图参见本书第一部分实验三中图S2。

二、光学经纬仪检验和校正记录

日期____天气____专业____年级____班级____小组____观测______记录______检查______第__页

照准部水准管轴检验和校正绘图说明

项目	整平后水准管气泡位置	照准部转 180°后气泡位置
检验时	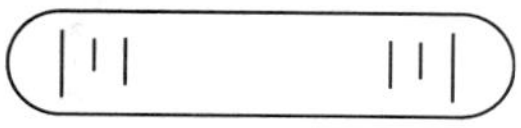	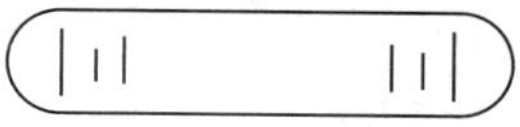
校正后	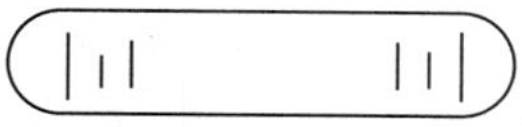	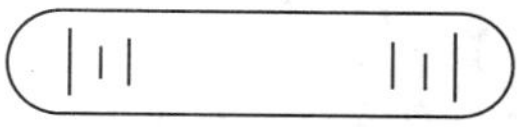

视准轴检验和校正记录

第 1 次(校正前)					第 2 次(校正后)				
测站	平点目标	盘位	水平度盘读数(° ′ ″)	c(″)	测站	平点目标	盘位	水平度盘读数(° ′ ″)	c(″)
		左					左		
		右					右		
		左					左		
		右					右		

注:表内 $c=\frac{M_1-(M_2\pm180°)}{2}$。

横轴检验和校正记录

第 1 次(校正前)					第 2 次(校正后)				
测站	高点目标	盘位	水平度盘读数(° ′ ″)	c(″)	测站	高点目标	盘位	水平度盘读数(° ′ ″)	c(″)
		左					左		
		右					右		
		左					左		
		右					右		

注:表内 $c=\frac{M_1-(M_2\pm180°)}{2}$。

十字丝竖丝检验和校正绘图说明

项目	检验时	校正后
点状标志偏离竖丝的情况	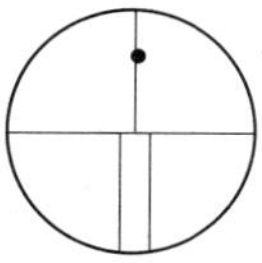	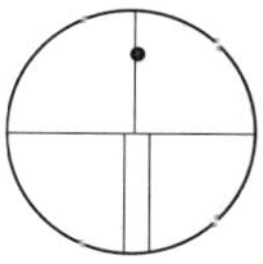

竖盘指标水准管轴检验和校正记录

第 1 次(校正前)						第 2 次(校正后)					
测站	目标	盘位	竖盘读数(° ′ ″)	竖角(° ′ ″)	x(″)	测站	目标	盘位	竖盘读数(° ′ ″)	竖角(° ′ ″)	x(″)
		左						左			
		右						右			
		左						左			
		右						右			

注:表内 $x=\frac{\alpha_R-\alpha_L}{2}$ 或 $x=\frac{(L+R)-360°}{2}$。

三、普通水准测量记录

普通水准测量记录

日期____天气____专业____年级____班级____小组____观测______记录______检查______第__页

测站	点号		后视读数 a（m）	前视读数 b（m）	高差 h（m）	平均高差 $h_{均}$（m）	说明
	仪高（1）						
	仪高（2）						
	仪高（1）						
	仪高（2）						
	仪高（1）						
	仪高（2）						
	仪高（1）						
	仪高（2）						
	仪高（1）						
	仪高（2）						
	仪高（1）						
	仪高（2）						
	仪高（1）						
	仪高（2）						
	仪高（1）						
	仪高（2）						
检核	$\sum a =$		$\sum b =$	$\sum h =$	$\sum a - \sum b =$	$2\sum h_{均} =$	

四、四等水准测量手簿

四等水准测量手簿

日期____天气____专业____年级____班级____小组____观测______记录______检查____第____页

测站编号	点号	后尺 上	前尺 上	方向及尺号	水准尺读数（m）		K＋黑－红（mm）	高差中数（m）	说明
		后尺 下	前尺 下		黑面	红面			
		后视距（m）	前视距（m）						
		后、前视距差（m）	累计差（m）						
		（1）	（4）	后	（3）	（8）	（13）	（18）	K_1 =
		（2）	（5）	前	（6）	（7）	（14）		K_2 =
		（9）	（10）	后－前	（16）	（17）	（15）		
		（11）	（12）						
				后1					
				前2					
				后－前					
				后2					
				前1					
				后－前					
				后1					
				前2					
				后－前					
				后2					
				前1					
				后－前					
				后1					
				前2					
				后－前					
				后2					
				前1					
				后－前					
校核		Σ（9）＝ Σ（10）＝ （12）末站＝ 总距离＝		Σ（3）＝　Σ（8）＝　Σ（6）＝　Σ（7）＝ Σ（16）＝　Σ（17）＝　Σ（18）＝ $\frac{1}{2}$[Σ（16）＋Σ（17）±0.100]＝					

五、高差闭合差调整及待定点高程计算表

高差闭合差调整及待定点高程计算表

日期____天气____专业____年级____班级____小组____观测______计算______检查____第____页

点号	测站数	距离（km）	实测高差（m）	改正数（m）	改正后高差（m）	高程（m）
辅助计算	$f_h =$ $f_{h容} =$ （mm）					

六、水平角（测回法）（含全站仪测高差）测量记录

水平角（测回法）测量记录

日期____天气____专业____年级____班级____小组____观测______记录______检查____第____页

测站 仪高 i	目标	镜高 l	竖盘位置	水平度盘读数 (°　′　″)	半测回角值 (°　′　″)	一测回角值 (°　′　″)	高差(m)		
							VD	h	平均 h
			左						
i =			右						
			左						
i =			右						
			左						
i =			右						
			左						
i =			右						
			左						
i =			右						
			左						
i =			右						
			左						
i =			右						
			左						
i =			右						

注：测站点至目标点高差 h = 仪器中心至棱镜中心高差 VD + 仪高 i − 镜高 l（单位：m）。

七、距离测量记录

距离测量记录

日期____天气____专业____年级____班级____小组____观测______记录______检查____第____页

测线		往测		返测		往返平均距离（m）	往返差值（m）	往返相对误差 K
起点号	终点号	钢尺尺段数	D_i（m）	钢尺尺段数	D_i（m）			
		余数		余数				

注：如用全站仪光电测距，则表内“钢尺尺段数”和“余数”两栏均不填。

八、导线闭合差调整及坐标计算表

导线闭合差调整及坐标计算

日期____天气____专业____年级____班级____小组____观测____计算____检查________第____页

点号	观测角 β (° ′ ″)	改正后 β (° ′ ″)	方位角 α (° ′ ″)	距离 D (m)	纵坐标增量 $\Delta x'$ (m)	横坐标增量 $\Delta y'$ (m)	改正后 Δx (m)	改正后 Δy (m)	纵坐标 x (m)	横坐标 y (m)
(1)	(2)	(3)	(4)	(5)	(6)	(7)	(8)	(9)	(10)	(11)

辅助计算		
	$f_\beta =$	$f_x =$　　　　$f_y =$
	$f_{\beta允} = \pm 60''\sqrt{n} =$	$f_D = \pm\sqrt{f_x^2 + f_y^2} =$
		$K =$　　　　$K_{允} =$

九、控制测量成果表

控制测量成果表

日期____天气____专业____年级____班级____小组____学号____计算____检查________第____页

点号	X(m)	Y(m)	H(m)	点号~点号	平距(m)	方位角	说明

十、矩形建筑物角点测设数据计算表

矩形建筑物角点测设数据计算

日期____天气____专业____年级____班级____小组____学号____计算____检查____第____页

测站点____后视点____

点号	X(m)	Y(m)	方向号	方位角 (°　′　″)	水平角 (°　′　″)	平距 (m)
A	1 200.000	1 800.000	*ij*			
			AB			
B	1 221.651	1 812.500	AP_1			
P_1	1 202.928	1 810.928	AP_2			
P_2	1 218.516	1 819.928	AP_3			
P_3	1 212.516	1 830.320	AP_4			
P_4	1 196.928	1 821.320				

计算式：

$$\alpha_{ij} = \arctan \frac{Y_j - Y_i}{X_j - X_i} =$$

$$\beta_{Aj} = \alpha_{Aj} - \alpha_{AB} =$$

$$D_{Aj} = \sqrt{(X_j - X_A)^2 + (Y_j - Y_A)^2} =$$

十一、矩形建筑物角点测设相对点位检测表

矩形建筑物角点测设相对点位检测表

日期____天气____专业____年级____班级____小组____观测______记录______检查______第__页

点号	β_i			D_{Ai}			
	测设	实测 (°　′　″)	较差 (″)	边号	测设 (m)	实测 (m)	较差 (mm)
P_1	90°			P_1P_2			
P_2	90°			P_2P_3			
P_3	90°			P_3P_4			
P_4	90°			P_4P_1			

十二、椭圆形建筑物轮廓线特征点位测设计算表

椭圆形建筑物轮廓线特征点位测设计算表

日期____天气____专业____年级____班级____小组____计算____检查________第____页

测站点________ x_0 = ________ y_0 = ________后视点________ α_{O1} = ________

点号	1	2	3	4	5	6	7	8	9	10	11	12
y_i(m)	-12	-10	-8	-6	-4	-2	0	+2	+4	+6	+8	+10
x_i(m)												
点 O 至各点平距 D_{Oi}(m)												
点 O 至各点假定方位角 α_{Oi} (° ′ ″)												
点 O 自零方向始顺时针至各点水平角 β_i(° ′ ″)												

点号	13	14	15	16	17	18	19	20	21	22	23	24
y_i(m)	+12	+10	+8	+6	+4	+2	0	-2	-4	-6	-8	-10
x_i(m)												
点 O 至各点平距 D_{Oi}(m)												
点 O 至各点假定方位角 α_{Oi} (° ′ ″)												
点 O 自后视点始顺时针至各点水平角 β_i(° ′ ″)												

(1)依据椭圆方程计算各特征点 x_i 坐标(2～12 号点的 x_i 为正值,14～24 号点的 x_i 为负值)

$$\frac{x^2}{a^2}+\frac{y^2}{b^2}=1$$

(2)计算中心点 O 至各点位之间的水平距离 D_{Oi}

$$D_{Oi}=\sqrt{x_i^2+y_i^2}$$

(3)计算中心点 O 至各点位在椭圆假定坐标系中的方位角 α_{Oi}

$$\alpha_{Oi}=\arctan\frac{y_i}{x_i}$$

(4)中心点 O 以 Y 轴左向 1 号点为后视方向,顺时针至各点位之间的水平角 β_i 为

$$\beta_i=\alpha_{Oi}-\alpha_{O1}=\alpha_{Oi}-270°00'00''$$

(5)按坐标换算公式将上述椭圆轮廓线各特征点的椭圆坐标系坐标 x_P、y_P 换算为测量坐标系的坐标 X_P、Y_P(式中 $X_{O'}$、$Y_{O'}$ 为椭圆中心点在测量坐标系中的坐标,α 为椭圆的长半轴在测量坐标系中的方位角)

$$X_P=X_{O'}+x_P\cos\alpha-y_P\sin\alpha$$

$$Y_P=Y_{O'}+x_P\sin\alpha+y_P\cos\alpha$$

计算结果列入下表。

椭圆各特征点号坐标

点号	1	2	3	4	5	6	7	8
x								
y								
X								
Y								
点号	9	10	11	12	13	14	15	16
x								
y								
X								
Y								
点号	17	18	19	20	21	22	23	24
x								
y								
X								
Y								

十三、施工场地平整水准测量记录

施工场地平整水准测量记录

日期____天气____专业____年级____班级____小组____观测____记录____检查____第____页

测站	点号	第一次观测				第二次观测				平均高程 H_i(m)
		后视读数(m)	视线高(m)	前视读数(m)	高程(m)	后视读数(m)	视线高(m)	前视读数(m)	高程(m)	

十四、施工场地平整土方量计算表

施工场地平整土方量计算表

日期____天气____专业____年级____班级____小组____学号____计算____检查____第____页

零点高程计算	图上零线内插
设:权值 P_i 角点 0.25 边点 0.50 拐点 0.75 中点 1.00 零点高程 $H_0=\dfrac{\sum(P_i\cdot H_i)}{\sum P_i}$ $=$ 说明:每方格实地长、宽为 10 m×10 m	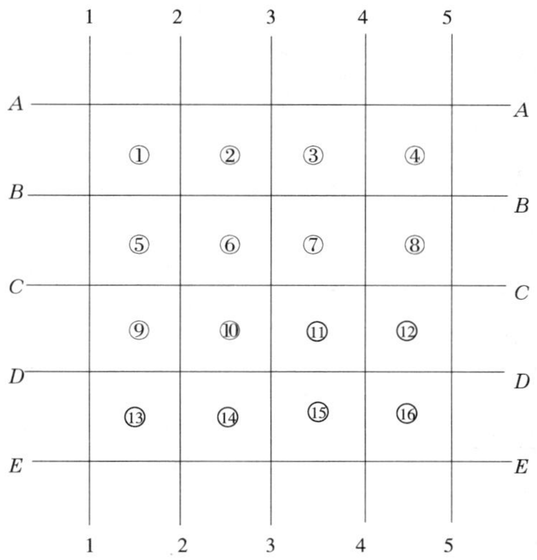

方格号	各点挖深(+)或填高(-)(m)				挖方(m^3)			填方(m^3)			说明
	左上	右上	左下	右下	均深	面积	方量	均高	面积	方量	
合计											

十五、高层建筑高程传递计算表

高层建筑高程传递计算表

日期____天气____专业____年级____班级____小组____学号____计算____检查____第____页

后视水准点 A ________高程 $H_A=$ ____________ 建筑物名称________________

点号	楼层 i	后视尺读数 a（m）	钢尺下读数 b_i（m）	钢尺上读数 c_i（m）	前视尺读数 d（m）	高差 h（m）	高程 H_{B_i}（m）

注：$H_{B_i}=H_A+a-b_i+c_i-d$。

十六、建筑物倾斜观测记录与计算表

三角高程测量建筑物高度计算表

测站________高程________ 仪器高________

日期____天气____专业____年级____班级____小组____观测____记录____检查________第____页

点号	竖盘位置（° ′ ″）	竖盘读数（° ′ ″）	半测回竖直角（° ′ ″）	一测回竖直角 α（° ′ ″）	指标差 x（″）	平距 D（m）	$D \cdot \tan\alpha$（m）	标尺中丝读数 l(m)	建筑物高度 h（m）
	左								
	右								
	左								
	右								

注：$h = D \cdot \tan\alpha + l$。

建筑物倾斜度计算表

建筑物名称____________________

点号	测点位置	上下偏斜量 a(m)	建筑物高度 h(m)	倾斜度 $i = a/h$

十七、面积测量记录

第 1 次测量面积 = ____ m^2，第 2 次测量面积 = ____ m^2，两次测量平均面积 = ____ m^2，两次测量较差 = ____ m^2。

十八、道路桩位高程测量记录与坡度测设计算表

道路桩位高程测量记录

日期____天气____专业____年级____班级____小组____观测____记录____检查________第____页

测站	点号	第一次观测				第二次观测				平均高差 h_i(m)	高程 H_i(m)
		后视读数（m）	中丝读数（m）	前视读数（m）	高差（m）	后视读数（m）	中丝读数（m）	前视读数（m）	高差（m）		

坡度测设计算表

H_{BM_A} = ____ m,起始桩设计高程 H_0 = ____ m,起始桩标尺读数 a = ____ m,设计坡度 i = ____% ,桩位间隔 d = ____ m

桩号 j	1	2	3	4	5	6
桩顶高程						
设计高程						
标尺应有读数 b						
填(挖)高度						
距离 d(m)						

各桩位设计高程 H_i 计算式

$$H_i = H_{BM_A} + j \times d \times i$$

其他桩位上标尺应有读数 b_i 计算式

$$b_i = a - j \times d \times i$$

十九、弦线偏角法测设圆曲线计算和检测

已知道路两直线段的右转角 α 为________,圆曲线半径 R = ________ m,将曲线分为 n = ____等份,按弦线偏角法测设圆曲线的起点、终点和各等份细部点的计算如下:

切线长 $T = R \cdot \tan\frac{\alpha}{2} =$　　曲线长 $L = R\alpha\frac{\pi}{180^\circ} =$

每段弧长 $l = \frac{L}{n} =$　　每段所对圆心角 $\varphi = \frac{\alpha}{n} =$

曲线起点偏角 $\delta_{起} = \frac{\varphi}{2} =$　　其后每等分点偏角 $\delta_{分} = \varphi =$

每段弧长对应的弦长 $d = 2R \cdot \sin\frac{\alpha}{2n}$

说明:经检测,弦线偏角法测设的________号点与开始测设的圆曲线终点点位的较差为________

二十、全站仪切线坐标法测设圆曲线计算和检测

已知道路两直线段的右转角 α 为________,圆曲线半径 R = ________ m,将曲线分为 n = ____等份,切线坐标法测设圆曲线的起点、终点和各等份细部点的计算如下:

切线长 $T = R \cdot \tan\frac{\alpha}{2} =$　　曲线长 $L = R\alpha\frac{\pi}{180^\circ} =$

每段弧长 $l = \frac{L}{n} =$

原点至任一点弧长所对圆心角 φ_i 及该点的切线坐标 x_i、y_i 为

$$\varphi_i = \frac{180^\circ}{\pi} \cdot \frac{l_i}{R} =$$

$$x_i = R\sin\varphi_i = \qquad y_i = R(1 - \cos\varphi_i) =$$

式中：i 为圆曲线上点的序号（$i = 1,2,3,\cdots,n$）；l_i 为原点至 i 点的圆弧长；R 为曲线半径。

圆曲线点切线坐标

点号	1	2	3	4	5	6	7	8	9	10
x（m）										
y（m）										

全站仪切线坐标法与弦线偏角法测设的点位较差表

点号	1	2	3	4	5	6	7	8	9	10
Δx(cm)										
Δy(cm)										

二十一、模拟隧道贯通测量计算和检测记录

已知两端导线点（设为中线点）坐标列于下表（记录自本次实训闭合导线计算成果）。

点号	x(m)	y(m)	H(m)	方位角 α
i				$\alpha_{i\sim i-1} =$
$i-1$				
j				$\alpha_{j\sim j-1} =$
$j-1$				

贯通方位角

$$\alpha_{i\sim j} = \arctan\frac{y_j - y_i}{x_j - x_i} = \qquad , \quad \alpha_{j\sim i} = \alpha_{i\sim j} \pm 180^\circ =$$

测设水平角

4 号点端 $\qquad \beta_1 = \alpha_{i\sim j} - \alpha_{i\sim i-1} =$

9 号点端 $\qquad \beta_2 = \alpha_{j\sim i} - \alpha_{j\sim j-1} =$

贯通距离

$$D_{i\sim j} = \sqrt{(x_j - x_i)^2 + (y_j - y_i)^2} =$$

两端测设距离

$$D_1 = D_2 = \frac{1}{2}D_{i\sim j} =$$

贯通坡度

$$i_{\text{贯}} = (H_j - H_i)/D_{i\sim j} = \qquad \%$$

贯通面中线点高程:

4 号点端测设　　$H_{中} = H_i + i_{贯} \times D_1 =$

9 号点端测设　　$H_{中} = H_j - i_{贯} \times D_2 =$

说明:经检测,由两端测设的 p' 和 p'' 点位较差得贯通时两点之间:

垂直于中线方向的横向误差 $\Delta u =$

沿中线方向的纵向误差 $\Delta l =$

沿竖向的高程之差 $\Delta h =$

附录六　测量实训操作考查题选

一、测量实训操作考查题之一——四等水准测量

日期____天气____专业____年级____班级____小组____学号____姓名____成绩____
开始时间________结束时间________

（一）内容及评分标准

四等水准测量——用 DS_3 型水准仪完成一个测站上的观测、记录和计算。

时间要求：8 min 内完成为 100 分，每增加 1 min 扣 5 分。

精度要求：每标尺红、黑面读数差不超过 ±3 mm，每超过 1 mm 扣 1 分。
两标尺之间的红、黑面高差之差不超过 ±5 mm，每超过 1 mm 扣 1 分。
测站高差中数与该测站高差的正确值相比较，每超过 1 mm 扣 1 分。

记录书写和计算错误扣 5 ~ 10 分。

（二）观测、记录与计算

点号	后尺 上 / 下	前尺 上 / 下	方向及尺号	水准尺读数（m）		K + 黑 − 红（mm）	高差中数（m）	说明
	后视距（m）	前视距（m）		黑面	红面			
	后、前视距差（m）	累计差（m）						
	（1）	（4）	后	（3）	（8）	（13）	（18）	$K_1 = 4.687$ $K_2 = 4.787$
	（2）	（5）	前	（6）	（7）	（14）		
	（9）	（10）	后 − 前	（16）	（17）	（15）		
	（11）	（12）						
后 1 | 前 2			后 2					
			前 1					
			后 − 前					
后 2 | 前 1			后 2					
			前 1					
			后 − 前					

（三）成绩评定

标准高差（m）	差值（mm）	扣分	完成时间	扣分	其他	扣分	得分

二、测量实训操作考查题之二——水平角测量（测回法）

日期____天气____专业____年级____班级____小组____学号____姓名____成绩____

开始时间________结束时间________

（一）内容及评分标准

普通水平角测量——用 DJ_6 型经纬仪在指定测站整平仪器，对中，然后对指定目标进行 1 个测回水平角的观测、记录和计算。

时间要求：10 min 内完成为 100 分，每增加 1 min 扣 5 分。

精度要求：$|\beta_{左}-\beta_{右}|$不超过 40″，每超过 6″扣 2 分。

一测回角值与该角值的正确值相比较，每超过 6″扣 2 分。

记录书写和计算错误扣 5～10 分 。

（二）观测、记录与计算

测站（点 号）	目标	竖盘位置	水平度盘读数（° ′ ″）	半测回角值（° ′ ″）	一测回角值（° ′ ″）	说明
	A	左				
	B					
	A	右				
	B					
	A	左				
	B					
	A	右				
	B					

（三）成绩评定

标准角值	差值（″）	扣分	完成时间	扣分	其他	扣分	得分

三、测量实训操作考查题之三——竖直角测量(测回法)

日期____天气____专业____年级____班级____小组____学号____姓名____成绩____

开始时间________结束时间________

(一)内容及评分标准

普通竖直角测量——在指定 O 点安置经纬仪,整平仪器,测量指定目标 A 点的竖直角,1 个测回,同时完成其观测、记录和竖直角与指标差计算。

时间要求:8 min 内完成为 100 分,每增加 1 min 扣 5 分。

精度要求:与竖直角正确值相比较,每超过 6″扣 2 分。

记录书写和计算错误扣 5 ~ 10 分。

(二)观测、记录与计算

测站	目标	竖盘位置	竖盘读数 (° ′ ″)	半测回竖角 (° ′ ″)	一测回竖角 (° ′ ″)	$x=\frac{\alpha_R-\alpha_L}{2}$
		左				
		右				
		左				
		右				

(三)成绩评定

标准角值	差值(″)	扣分	完成时间	扣分	其他	扣分	得分

四、测量实训操作考查题之四——道路坡度测设

日期____天气____专业____年级____班级____小组____学号____姓名____成绩____

开始时间________结束时间________

(一)内容及评分标准

道路坡度测设——设沿道路边缘有 A、B、C、D、E 五个桩点,相邻点之间距离均为 10 m,假设 A 点桩顶高程及其设计高程均为 $H_A=10.00$ m,在指定位置安置水准仪,整平仪器,首先测量其他四个桩顶的高程,再按 -1% 的坡度测设道路的坡度,同时完成其观测、记录,并计算四点的桩顶高程、设计高程和各桩位应有的标尺读数。

时间要求:8 min 内完成为 100 分,每增加 1 min 扣 5 分。

精度要求:与各桩点的桩顶高程、设计高程的正确值相比较,每项超过 1 cm 扣 2 分。

记录书写和计算错误扣 5 ~ 10 分。

(二)观测、记录与计算

道路桩位高程观测记录

测站	点号	后视读数(m)	中丝读数(m)	前视读数(m)	高差(m)	高程 H_i(m)

坡度测设计算表

坡度 $i = -1\%$

点号	*A*	*B*	*C*	*D*	*E*		
桩顶高程(m)							
设计高程(m)							
填(挖)高度(m)							
距离(m)							

(三)成绩评定

观测误差	计算误差	扣分	完成时间	扣分	其他	扣分	得分

五、测量实训操作考查题之五——建筑物高度测量

日期____天气____专业____年级____班级____小组____学号____姓名____成绩____
开始时间________结束时间________

(一)内容及评分标准

建筑物高度测量——在指定 *O* 点安置经纬仪,整平仪器,用视距测量测定测站至建筑物某墙角(地面竖立标尺)的水平距离,再用三角高程测量以盘左(半个测回)测量建筑物该墙角顶端点的竖直角和标尺中丝的读数,同时完成其观测、记录和建筑物高度计算。

时间要求:8 min 内完成为 100 分,每增加 1 min 扣 5 分。

精度要求:与该建筑物高度的正确值相比较,每超过 1 dm 扣 2 分。

记录书写和计算错误扣 5 ~ 10 分。

（二）观测、记录与计算

建筑物高度测量记录、计算表

测站＿＿＿＿＿＿　　　　建筑物名称＿＿＿＿＿＿

点号	上丝 下丝 (m)	视距间隔 l(m)	水平距离 D(m)	竖盘读数 (° ′ ″)	竖直角 α (° ′ ″)	$D\cdot\tan\alpha$ (m)	中丝读数 (m)	建筑物高度(m)

（三）成绩评定

标准高度	差值(m)	扣分	完成时间	扣分	其他	扣分	得分

附录七　建筑工程单位施工测量报表示例

一、××办公楼工程定位测量记录

工程测量定位记录

定位依据		
1.工程定位测量通知单08号		
2.施工总平面图,建施-1		
3.基础平面图,建施-2		
定位方法及过程		
1.定位方法为直角坐标法		
2.定位过程		
①以产品实验站外墙角"O"为原点，首先从两侧墙外皮引延长线(OA=9.15 m)至A、A'两点,延长AA'至B点,使AB=62.15 m,B即为轨道中心点。将仪器置于B点,后视A点,然后逆时针转90°定C、D两点，使BC=29.39 m，CD=30.00 m		
②将仪器置于C点，后视D点，逆时针转90°定E点,CE =74.60 m		
③将仪器置于D点，后视B点，顺时针转90°定F点,DF=74.60 m		
④将仪器置于E点，后视C点，逆时针转90°定F点,闭合差为2 mm		
注：(1)轴线标志为①、⑭、Ⓐ、Ⓑ		
(2)测量定位标志为A、B、C、D、E、F		
(3)标准尺寸单位为m		

建设单位：××厂	施工单位		××建筑公司××施工队
公　章 代表：××× ××××年××月××日	定　位	×××	公　章 ××××年××月××日
	技术员	×××	
	技术负责人	×××	
	质　量　员	×××	
	主管工程师	×××	

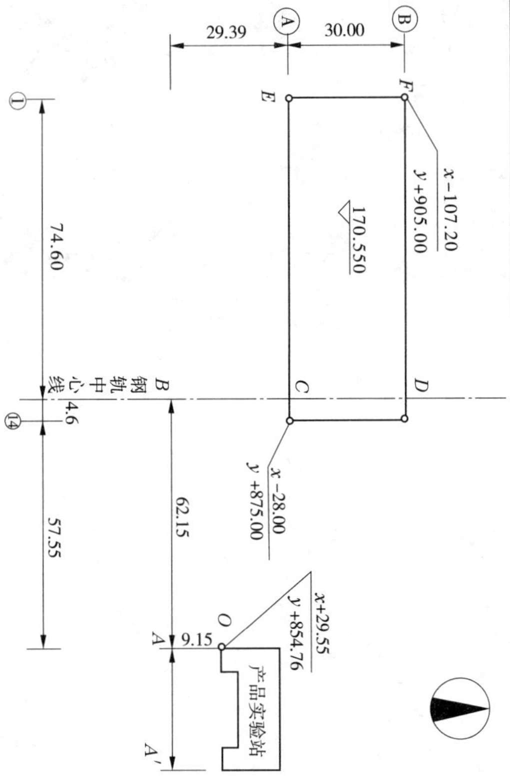

二、××住宅楼大板混凝土基础顶面标高检测记录

标高检测记录

工程名称	××住宅楼	施工图号	结3－1
检测部位	大板混凝土基础顶面标高	检测时间	××××年××月××日
设计标高	见图示	检测评定	在允许偏差值内

检测点示意图

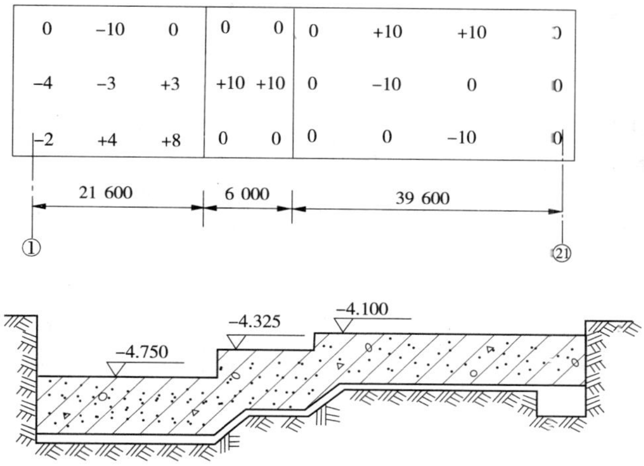

备注：基础大板检测，正值为超出设计标高，负值为低于设计标高，单位以 mm 计算，允许偏差 ±25 mm

建设单位代表：×××　技术负责人：×××

复检：×××　检测：×××

参 考 文 献

[1] 潘松庆. 工程测量技术[M]. 郑州:黄河水利出版社,2011.

[2] 杨正尧,程曼华,陆国胜. 测量学实验与习题[M]. 武汉:武汉大学出版社,2001.

[3] 杨正尧. 数字测图原理与方法实验与习题[M]. 武汉:武汉大学出版社,2004.

[4] 卢正. 建筑工程测量实训指导[M]. 北京:科学出版社,2003.

[5] 王云江,等. 建筑工程测量[M]. 北京:中国建筑工业出版社,2002.

[6] 南方测绘仪器有限公司. 南方测绘 DL－202 数字水准仪使用说明书. 2008.

[7] 南方测绘仪器有限公司. 南方测绘 NTS－312 型全站仪使用说明书. 2008.

[8] 南方测绘仪器有限公司. 数字化地形地籍成图系统 CASS 2008 用户手册. 2008.

[9] 国家技术监督局,中华人民共和国建设部. GB 50026—93 工程测量规范[S]. 北京:中国计划出版社,2001.

[10] 中华人民共和国国家质量监督检验检疫总局,中国国家标准化管理委员会. GB/T 12898—91 国家三、四等水准测量规范[S]. 北京:中国标准出版社,1992.

[11] 中华人民共和国建设部. CJJ 8—99 城市测量规范[S]. 北京:中国建筑工业出版社,1999.